·学生探索书系·

NI BU KE BU ZHI DE
SHI WAN GE BING QI ZHI MI

你不可不知的十万个兵器之谜

SHI WAN GE BING QI ZHI MI

刘佑润
五(2)

北京日报报业集团
同心出版社

前言

QIAN YAN

在这个充满谜团的世界上，有许多知识是我们必须了解和掌握的。这些知识将告诉我们，我们生活在怎样一个变幻万千的世界里。从浩瀚神秘的宇宙到绚丽多姿的地球，从远古生命的诞生到恐龙的兴盛与衰亡，从奇趣无穷的动植物王国崛起到人类——这种高级动物成为地球的主宰，地球经历了曾经沧海难为水的惊天巨变，而人类也从钻木取火、刀耕火种的原始生活逐步迈向机械化、自动化、数字化。社会每向前迈进一小步，都伴随着知识的更迭和进步。社会继续往前发展，知识聚沙成山、汇流成河，其间的秘密该如何洞悉？到了科学普及的今天，又该如何运用慧眼去捕捉智慧的灵光，缔造新的辉煌？武器作为科技发展的伴生物，在人类追求和平的进程中经历了怎样的发展变化？它

的未来将何去何从？谜团萦绕，唯有阅读可以拨云见日。

这套定位于探索求知的系列图书，按知识类别分为宇宙、地球、生命、恐龙、动物、人体、科学、兵器8册，每册书内又分设了众多不同知识主题的章节，结构清晰，内容翔实完备。另外，全套书均采用了问答式的百科解答形式，并配以生动真切的实景图片，可为你详尽解答那些令你欲知而又不明的疑惑。

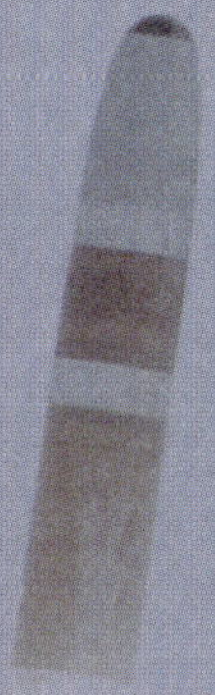

当然，知识王国里隐藏的秘密远不止于此，但探索的征程却会因为你的阅读参与而起航。下面，快快进入美妙的阅读求知之旅吧，让你的大脑来个知识大丰收！

学生探索书系

目录

MULU

你不可不知的十万个兵器之谜

第一章 古代兵器

冷兵器之谜

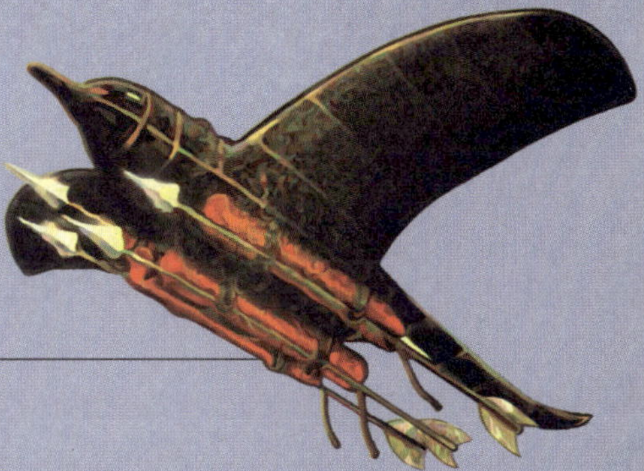

火器之谜

目录

MULU

第二章 现代兵器

陆战兵器之谜

NI BU KE BU ZHI
SHI WAN GE BING QI ZHI MI

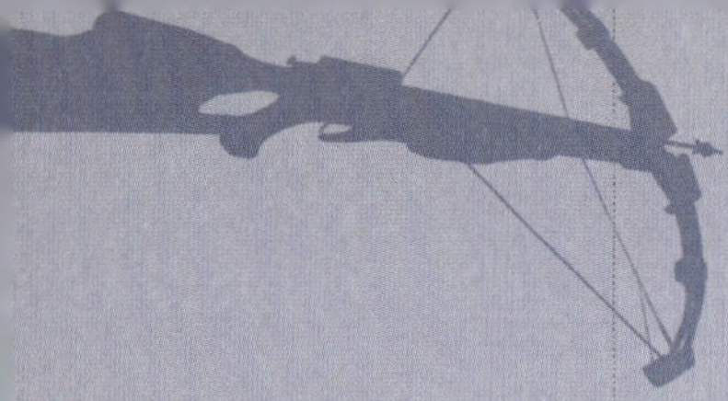

目录

MULU

海战兵器之谜

NI BU KE BU ZHI DE
SHI WAN GE BING QI ZHI MI

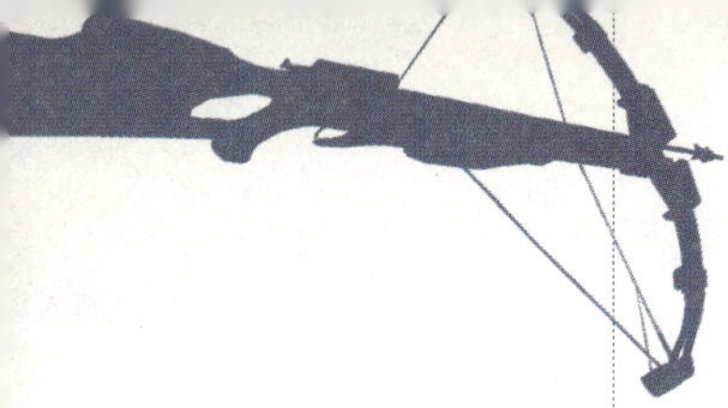

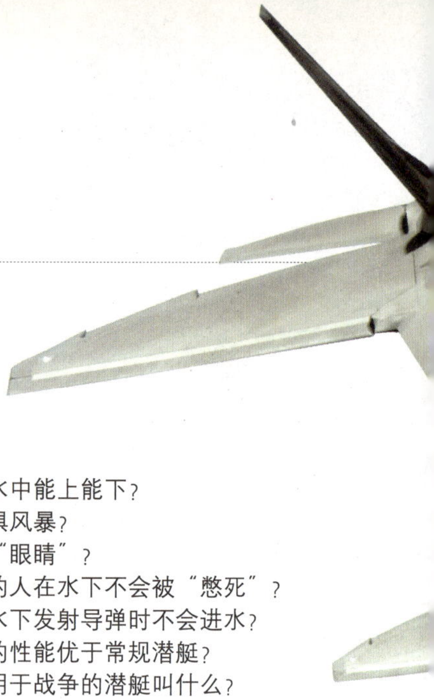

目录

M U L U

空战兵器之谜

大规模杀伤性武器及新武器之谜

“想当年，金戈铁马，气吞万里如虎”、“醉里挑灯看剑”、“赵客缦胡缨，吴钩霜雪明”、“折戟沉沙铁未销，自将磨洗认前朝”、“车辚辚，马萧萧，行人弓箭各在腰”……中国古代诗词歌赋中描写兵器的美妙语句实在是太多太多了。今天，这些古老的兵器虽已随岁月的消逝而隐身在历史长河中，但它们魅力依然，在文物展台上仍向人们展示着它们那令人骄傲不已的荣耀。

——编者

第一章 古代兵器

GU DAI BING QI

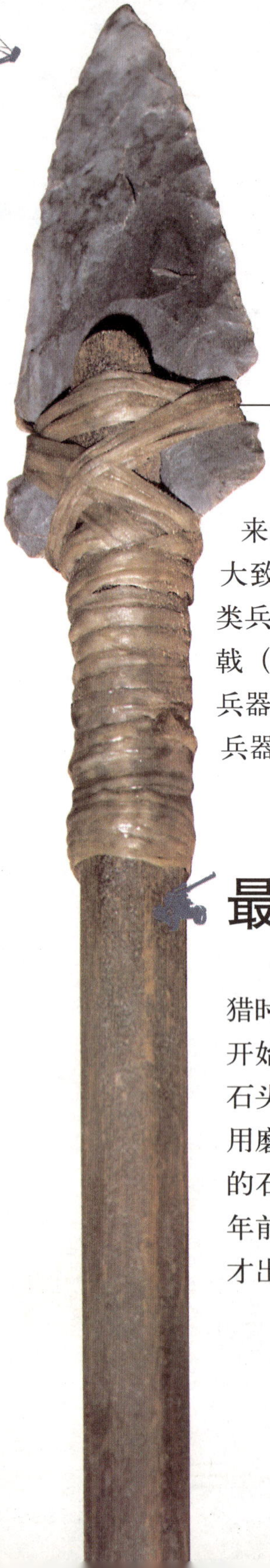

冷兵器之谜

什么是冷兵器？

冷兵器是古代对无火药类兵器的一种形象的称呼，是士兵在战场上直接用来杀伤对方有生力量的器械和装置。冷兵器大致可分为：格斗类兵器、远射兵器和防护类兵器。格斗类兵器主要有刀、剑、匕首、戈、矛、戟（jǐ）、殳（shū）、斧、钺（yuè）等；远射兵器早期多用弓，后来逐渐用弩替代；防护类兵器以甲、胄、盾等为代表。

最早的兵器是什么样的？

人类最早使用的兵器是300万年前在打猎时抛掷的天然石头。到了旧石器时代，人类开始使用打造的石器捕猎，以它为兵器比天然石头锋利些。进入新石器时代后，人类开始使用磨制的石器做武器，出现了木棍上绑有磨尖的石头制成的矛和弓箭。在大约5000至3000年前，人类进入青铜时代，用金属制作的兵器才出现。

为什么青铜兵器最早出现？

在自然界的各种金属矿物中，人们最早掌握的是冶炼铜的技术，只要将孔雀石同木炭放在一起燃烧到 1000℃，就能炼出铜来。铁矿石虽然也很常见，但由于冶炼工艺复杂，较晚才被人们所掌握。而另外一些金属，如金、银、锡等，虽然很早就被人们所发现，但因为质地太软，所以不适合用作兵器。青铜由铜和锡合炼而成，硬度很好，所以以青铜为材料的第一代金属兵器很快便登上了历史舞台。

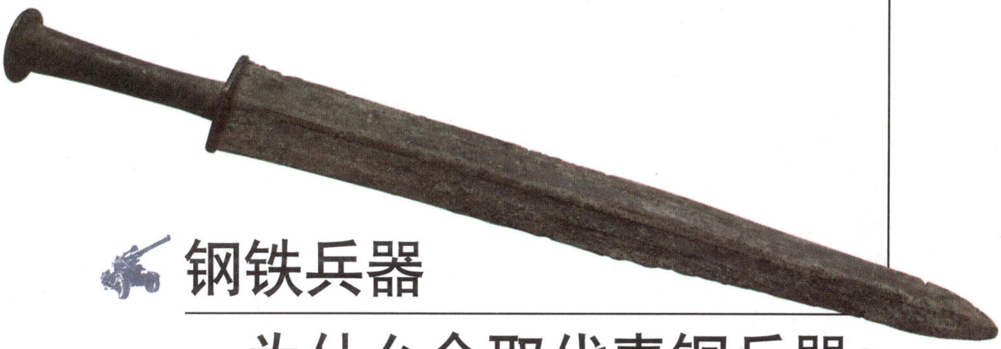

钢铁兵器为什么会取代青铜兵器？

青铜比铁坚硬，但是比铁更脆，完全不能用在劈砍兵器上，所以青铜时代的兵器多是刺和啄的。而钢铁兵器更有韧性，不易折断，可刺可啄，也可劈砍，增加了兵器的使用范围。尤其是在与青铜兵器作战时，像铁刀经常能砍断青铜剑，所以钢铁兵器很快便取代青铜兵器，开始大范围流行了。

古书上所说的“十八般武艺”指的是什么？

中国古代有“十八般武艺”之说，其实是指18种兵器。至于究竟是哪18种，历来说法不一，通常指刀、枪、剑、戟、棍、棒、槊（shuò）、钯、斧、钺、铲、镋（tǎng）、鞭、锏、锤、叉、戈、矛。其实，中国古代的兵器远远不止这18种，如果加上各种奇门兵器和形形色色的暗器，总数恐怕不少于100种。

长兵器与短兵器是如何划分的？

兵器的长与短是相对而言的。学者们一般将安装器柄后兵器的长度等于或超过人体长度的兵器称为长兵器，如戈、矛、长刀、戟、殳、铍、斧、钺、枪等；凡不安装器柄或者加器柄后仍短于身长的兵器则称为短兵器，如剑、匕首、短刀、金钩等。长短不同的冷兵器可以在作战中配合使用，“长以卫短，短以救长”。

枪是一种刺击长兵器，在长柄的一端装有尖锐的金属枪头。枪的长度差不多相当于人体直立时手臂伸直向上的整体高度。枪杆的粗细，根据使用者的性别、年龄而异。

为什么矛能成为古代军队的常备兵器？

矛是一种带有尖锐刃器的长直形刺击兵器，构造非常简单，只有矛头、矛柄两部分。在原始社会，人们将石头打制成石矛头，或用兽骨磨制成骨矛头，绑缚在长木柄上，用来刺杀猎物。从青铜时代起，人们开始使用金属矛头，并将矛大量用于战争中。矛使用最广泛的时间是在铁器时代。由于古代打仗都是短兵相接，面对面刺杀，有着长柄的矛显示出极强的战斗力，因此很快得到普及，成为军中的常备兵器。

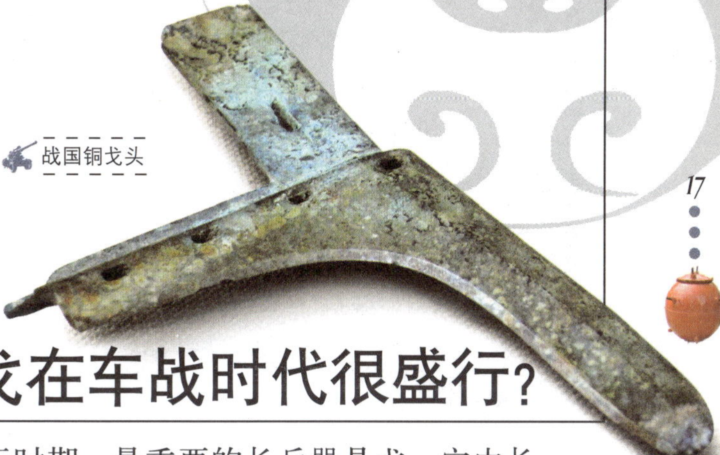

战国铜戈头

为什么戈在车战时代很盛行？

在车战盛行时期，最重要的长兵器是戈，它由长柄和戈头组成。和矛头不同，戈头有横刃前锋，且和长柄不是顺向，而是横向固连的，因此戈的推刺功能很弱，主要用来横击钩杀等。战车前有牵引的马，当战车向敌方冲锋时，马的本能使它们不会向对方的车迎头撞上去，所以主要的战斗应该发生在侧面。用戈横击不但有较高的准确度，而且可以利用车运动的动能。这样，戈就成了车战时代重要的长兵器。

戟是什么样的?

戟是将戈、矛合二为一的长柄兵器，将戈、矛联装在木柄上，这种形制在世界上是独一无二的。戟最早出现于商朝，到西周时，开始出现矛头与戈头相交的“十”字戟，后来又发展出一种刺、拉功能合一的“卜”字戟，同时为了增加戟的杀伤力，还在矛头下面的长柄上联装两件以上的戈头。

戟从什么时候开始退出了兵器之列?

戟被发明后不断得到改善，在战国时特别盛行。到了南北朝时期，盔甲的制作越来越精良，戟很难把它们穿透，所以逐渐退出了战场。唐代以后，戟就完全退出了兵器行列，而成为仪仗用品。

1978年，人们从湖北随县发现了一个战国早期的诸侯墓，从中出土了保存完整的长柄三戈戟。此戟顶端装铜矛头，下面装有三个铜戈，是当时在车战中使用的长兵器。

斧和钺有什么区别？

斧和钺都是劈砍兵器，形状相同，区别只在大小上，大的称钺，小的称斧，但都是商朝重要的兵器之一。到了周朝，因为斧、钺的杀伤力远不如戈、矛，钺逐渐演变为装饰用兵器，表面刻有人面或兽面纹饰，形象狰狞而华美，成为统帅的权力标志，斧则多作为刑具使用。

商朝青铜钺

铍是一类什么样的兵器？

铍是一种起源于短剑的长柄兵器，过去曾被误认作短剑。铍的外形极似短剑，铍的锋和短剑相同，平脊两刃。铍身断面为六边形，长 30 ～ 35 厘米，后端为扁形或矩形的茎，用以装柄。一般在茎的近端处开有圆孔，以便穿钉固定在长柄上。

"荆轲刺秦"事件中所用的兵器就是匕首。

为什么把匕首作为近距离作战时的兵器？

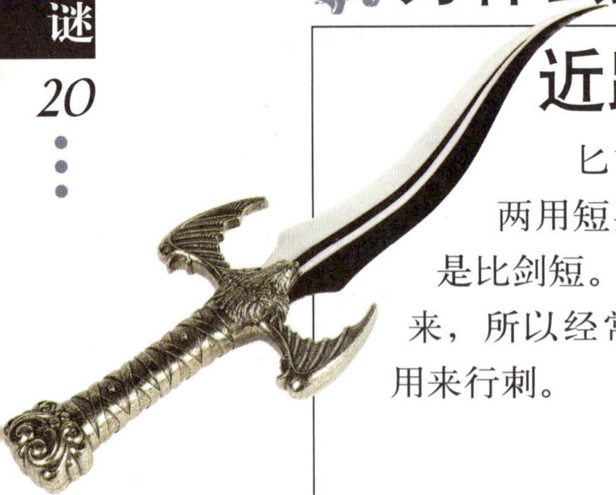

匕首是一种以刺为主兼砍击的两用短兵器，形状和剑差不多，但是比剑短。由于匕首很短，很容易藏起来，所以经常在近距离作战时使用，多用来行刺。

为什么把剑称为"直兵"？

剑是一种用于刺劈的兵器，有"百刃之君"的称呼。它由剑身和剑柄两部分构成，顶端尖利，两面都有刃。在格斗中，它的功能主要以推刺为主，所以又把它称之为"直兵"。比较著名的剑有干将、莫邪、鱼肠、太阿、龙泉等。

如今，剑作为一种运动器材，被人们广泛用于健身和竞技。

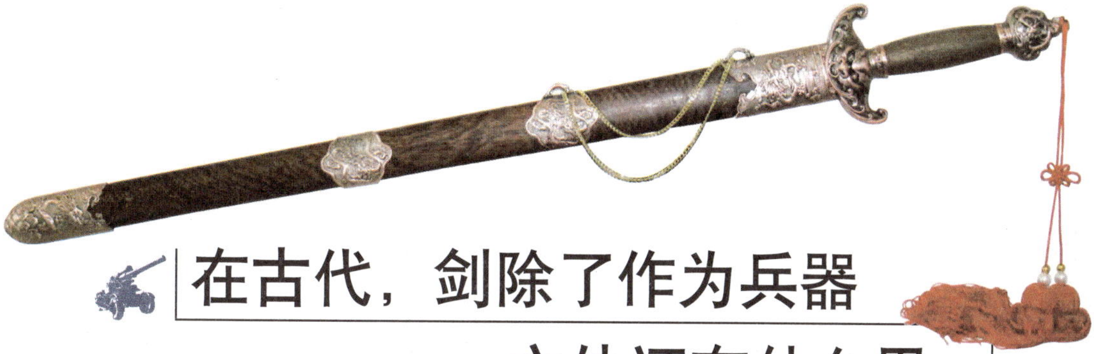

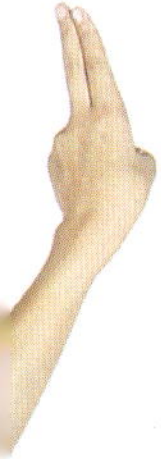

在古代，剑除了作为兵器之外还有什么用？

剑在古代除了作为格斗的兵器、锻炼武艺的器械外，还有多种用途。剑被视为权力和地位的象征。例如，皇帝授给亲信大臣的“尚方剑”，具有“先斩后奏”的生杀大权。剑被僧、道作为法器，说剑能“隐身”、“降妖”、“杀魔”。剑被作为礼仪中显示地位等级的标志。古籍中记载着严格的佩剑制度，如佩剑人的年龄、地位不同，装饰的金属或玉石等也有所不同。剑还被作为一种风雅佩饰，文人学士佩之以示高雅不俗。

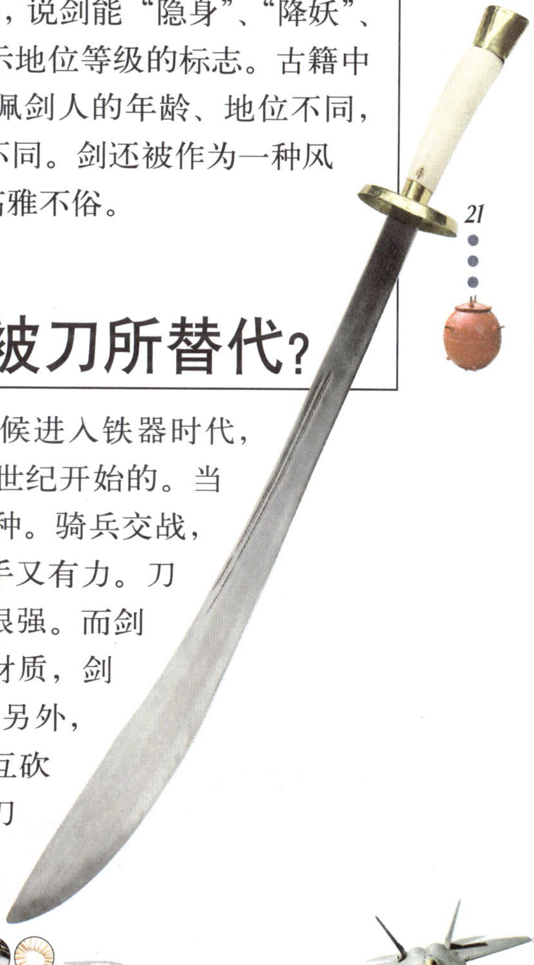

为什么剑逐渐被刀所替代？

我国在汉至明初的时候进入铁器时代，西方的铁器时代则是从4世纪开始的。当时骑兵是战场上的主战兵种。骑兵交战，用刀劈砍比用剑刺击既顺手又有力。刀是厚脊薄刃的，抗冲击力很强。而剑是双开刃的，同样是钢铁材质，剑的抗折能力却比不上刀。另外，剑虽利于刺击，但在和刀互砍时，总是先折断。因此，刀渐渐替代剑，成为战场上的主兵器。

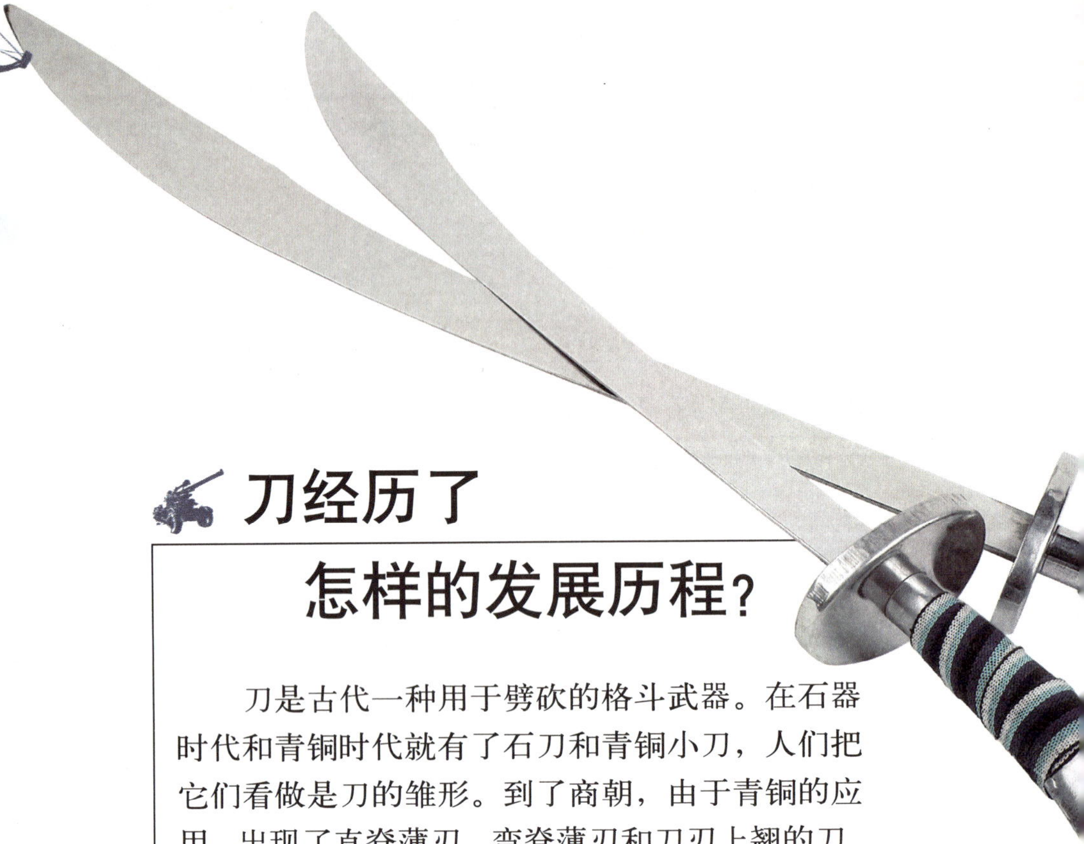

刀经历了怎样的发展历程？

刀是古代一种用于劈砍的格斗武器。在石器时代和青铜时代就有了石刀和青铜小刀，人们把它们看做是刀的雏形。到了商朝，由于青铜的应用，出现了直脊薄刃、弯脊薄刃和刀刃上翘的刀。但由于刀的杀伤作用不如戈、矛类兵器，所以直到秦朝，刀的制造和使用并未普及。到了汉朝，由于骑兵的发展，劈斩技法得到重视，直刀盛行起来，其代表是钢制环首刀，刀脊厚而刃薄，刀身平直而柄短，因柄端有环而得名。后来，又出现了在刀身上加上长柄的新型刀，例如唐朝的陌刀，宋朝用来对抗装甲骑兵而加厚刀刃的大刀，都盛行一时。宋朝以后，直刀日趋减少，取而代之的是曲刀。

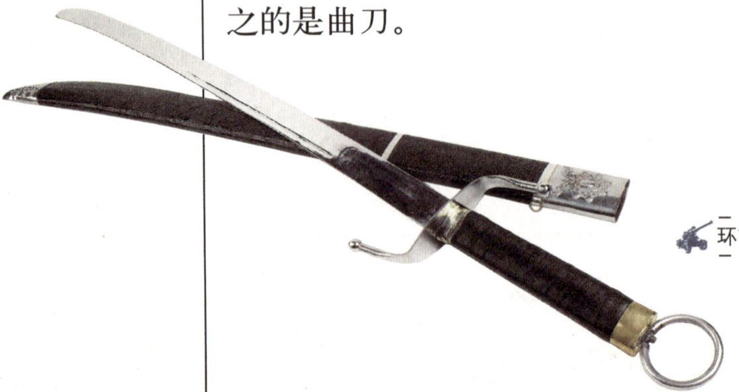

环首刀

刀与剑有什么显著区别？

刀与剑之间的区别主要在于刀刃。刀的一边是钝的，一边有刃，而剑两边皆有刃。中式剑的剑身多为直身，而刀的刃身多为弯曲的，一般在刀锋处有一个较长比例的倾斜，使其在砍杀时具有削切的功能。另外，刀以劈砍为终极目的，而剑的用法以刺为主。

骑兵所用的马刀为什么多是弯刀？

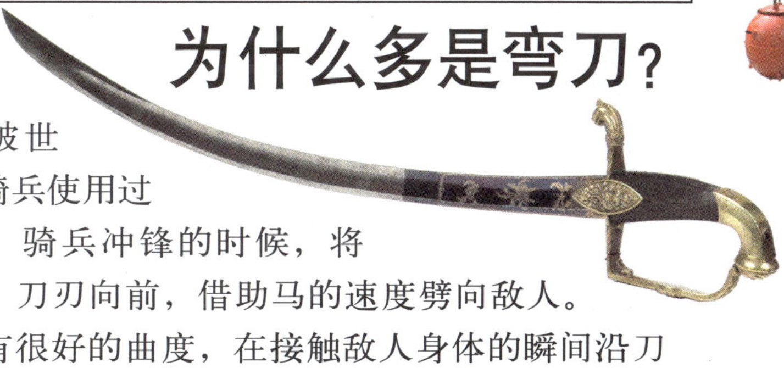

弯刀被世界多国的骑兵使用过很长时间。骑兵冲锋的时候，将弯刀平托，刀刃向前，借助马的速度劈向敌人。由于弯刀有很好的曲度，在接触敌人身体的瞬间沿刀刃的曲面滑动，所以可以连续接触敌人身体，切割力也就相应增加。而且，弯刀在劈到坚硬的铠甲时，也不易被震飞脱手。相对而言，直脊刀就没有这么好的效果了，因此骑兵多选用弯刀。

枪与矛有哪些显著的区别？

枪和矛都是古代战场上常见的长兵器。然而，枪的柄用的是柔韧的白蜡杆；枪头的刃面短，形状便于刺击，能产生巨大的杀伤力。矛的柄多为硬木或金属，弹性差，分量较枪柄重，长度也比枪的长；矛头的刃面比较长，像匕首或短剑，能砍也能刺。

枪在哪个时期成为军队的主要装备？

枪由矛演化而来，由枪头和枪柄构成，是一种刺击兵器。在晋朝以前，枪和矛的界限模糊，人们通常认为它们是同一种兵器。到了唐朝，枪的形式逐渐发生了变化，成为军队的主要装备。

吴王夫差矛

枪从什么时候退出了战场？

唐朝的枪可以分为漆枪、木枪、白杆枪和扑头枪4种。到了宋朝，枪的应用更加广泛，类型越来越多。元朝的蒙古兵和清朝的八旗兵都装备有很多类型的枪。直到清末，火枪得到广泛使用后，传统的枪才退出了历史舞台。

长枪上为什么要挂红缨？

中国的长枪有个特征，就是在枪头下方拴有称作缨的枪穗。缨多用绒绳或兽毛制成，而且还特意染成红色。之所以要这么做，是因为枪刺中人时，缨可以防止血顺着枪头流到枪杆，使手打滑。给缨染上红色，是因为血是红色的，一是在攻击时可以给对手造成错觉，二是起到鼓舞士气的作用。当用于演武时，红缨又成为一种漂亮的装饰。

殳是一类什么样的兵器？

殳是中国古代一种用于撞击的长柄兵器，在东周时期使用普遍，史书上称“棓（bàng）”、“杵”、“杖”等，后来演化为棍、棒。一般认为，殳是由原始社会中狩猎用的竹木棍棒发展而成的，呈八棱柱形或圆柱形，在柄端安有青铜殳头。春秋战国时期，诸侯争霸，随着车战的流行，殳成为装备军队的重要实战兵器。到秦汉时期，殳的兵器功用却在悄然退化，逐渐演变为仪仗性礼器。

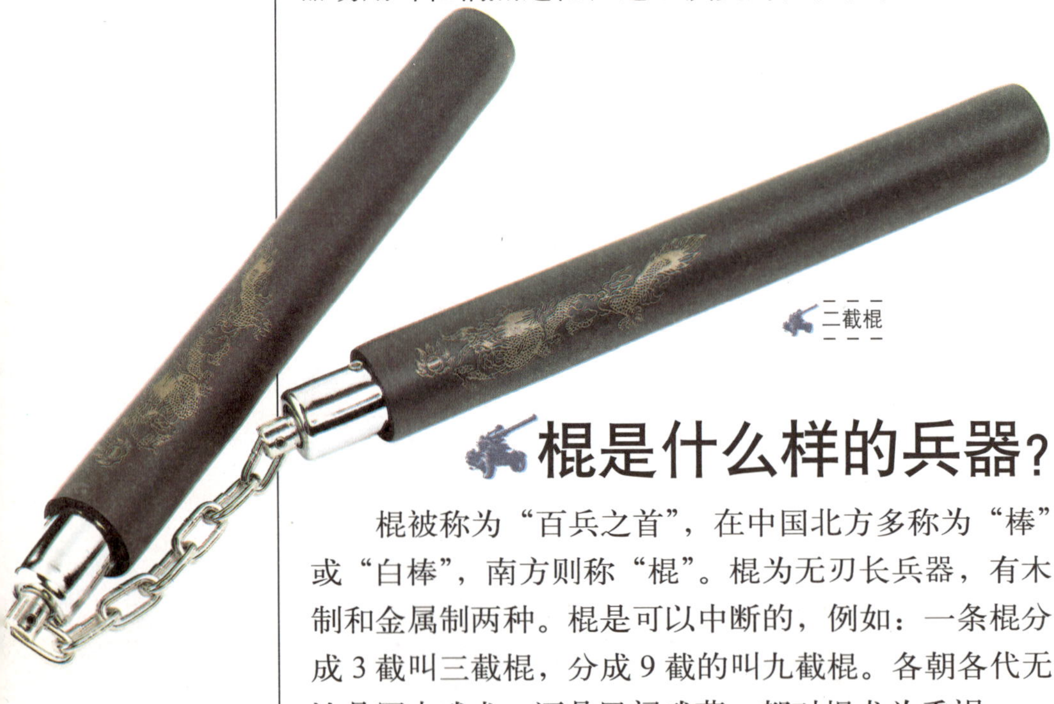

二截棍

棍是什么样的兵器？

棍被称为“百兵之首”，在中国北方多称为“棒”或“白棒”，南方则称“棍”。棍为无刃长兵器，有木制和金属制两种。棍是可以中断的，例如：一条棍分成 3 截叫三截棍，分成 9 截的叫九截棍。各朝各代无论是军中武术，还是民间武艺，都对棍尤为重视。

棒是什么样的兵器？

棒是短兵器，由棍演变而来，说白了就是短棍子，头粗尾细，多为双手兵器，也有单手兵器。棒到宋朝以后，产生了许多翻新的种类，例如：铁链夹棒是骑兵用的击打兵器，其中击打用的铁棒是四棱柱形的，与手持的长木棒用铁链相连，砸击的力量很大；钩棒是在木棒的一端加上一些尖刃，具有刺、钩、击打的作用；狼牙棒是在木棒的前端钉有许多像狼牙一样的铁钉，虽然无钩无刃，却能在击打中给对手以创伤。

狼筅是怎样制作出来的？

狼筅（xiǎn）实际上是利用竹子改造而成的一种奇特兵器，用长有许多枝杈的长毛竹制成，顶端装有铁枪头，两旁附枝用火熨得有直有勾，再灌入桐油，敷上毒药。狼筅是明朝矿工起义军发明的。后来，这种兵器被戚继光采用，在东南沿海抗倭斗争中用以对付倭寇使用的长刀，收到了极好的效果。

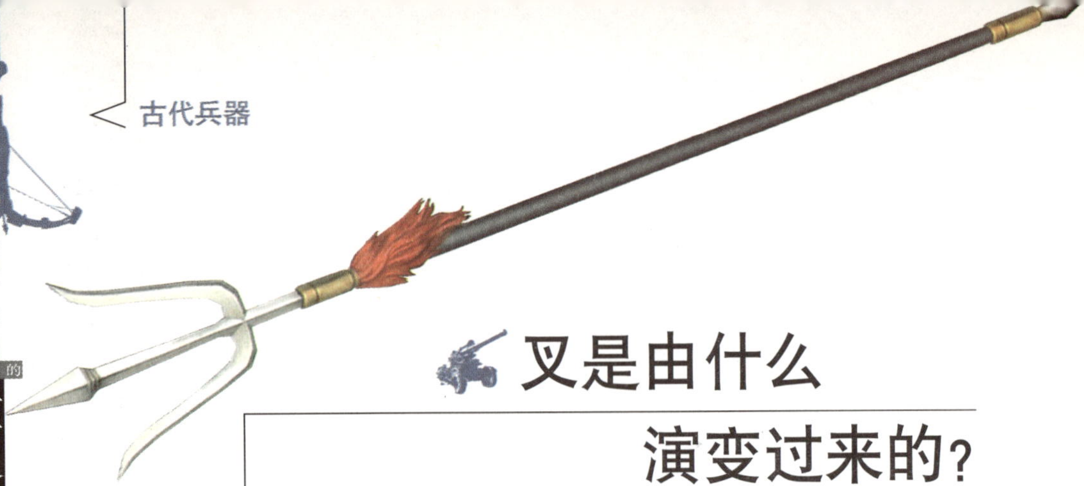

叉是由什么演变过来的？

在远古时代，叉是捕鱼狩猎的生产工具，后来才演变成兵器。叉属于长兵器，由叉尖和叉把两部分组成。叉尖为钢制，有两股叉和三股叉。叉把为木制或铁制，便于用手握持。

耙是从什么时候出现的？

耙出现得比较晚，明朝以后才有人使用。耙是由农具演变过来的，和农家的铁齿耙差不多，一般以铁为柄，柄端横一长方形铁板，铁板上排列着一排锋利的铁齿，可以擂击、撞击、筑击、反击等。《西游记》中，猪八戒用的“九齿钉耙”就是这种兵器。

镰是什么时候才被广泛使用的？

镰是由农具演化成的兵器，具有钩、割的功能。镰身微曲，双刃，长约40厘米，宽约3厘米，下有椭圆形的銎（qióng）孔用来装柄。按照镰柄的长短，镰可以分为长镰和短镰两种。长镰多为单独使用，短镰多成对使用。从战国时期到唐朝，长镰主要用于守城战，钩击攀登城头的敌人。在清朝，镰得到了广泛的使用，八旗和绿营都装备有镰。

为什么专用的钩很少？

钩是一种曲刃短柄兵器，外形似剑，刃部弯曲，用以钩杀敌人。钩最早出现于春秋末期的吴国，故又称吴钩（后来也泛指利剑）。由于钩的战斗作用较小，所以专用的钩很少。春秋时期，钩常与戈、戟一块使用。到了宋朝，宋军常将钩与枪合一制成新的兵器，如双钩枪、单钩枪、环钩枪、钩镰枪等。

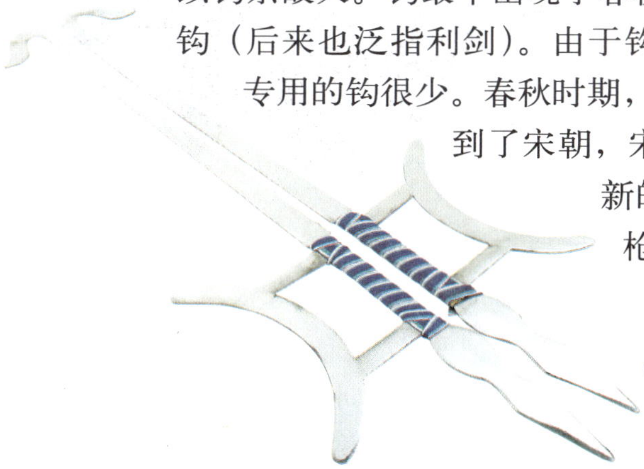

双钩

锤是一类什么样的兵器?

锤是一种头部呈球状的打击兵器，也叫鎚、椎、槌、金瓜等。锤大体可以分为长柄锤、短柄锤、链子锤等，也有分为硬锤、软锤的。长柄锤多单独使用，短柄锤则两个一块儿使用。元朝蒙古骑兵善用铁锤。清军入关前也很喜欢用锤，曾成立过铁锤军，定鼎中原后，便不再使用。

套索是什么时候用于战争的?

套索是一种“生擒”的兵器，一般长约 4 米，多用牛筋或鹿脊筋劈成网丝，与人发、纯丝混编而成，索头上系有锚形钩。用时将套索投出，可以将敌人抓住。套索用于战争始于唐朝，当时的开国大将李靖将这种兵器用在实战中，飞索兵夹杂在步兵之中，趁机擒捕敌方主帅。

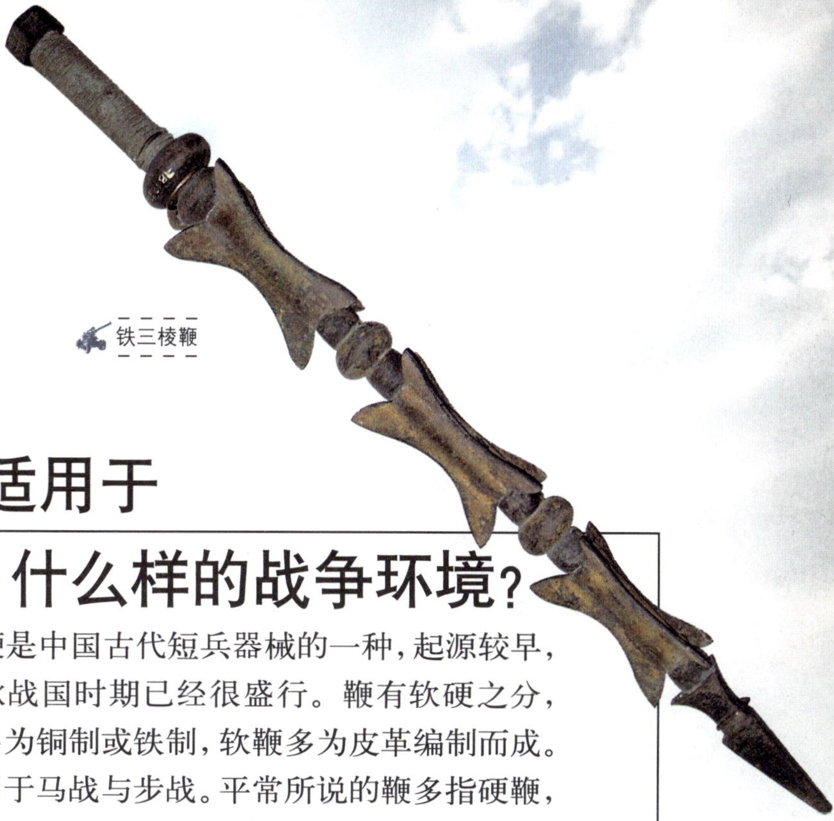

铁三棱鞭

鞭适用于什么样的战争环境？

鞭是中国古代短兵器械的一种，起源较早，到春秋战国时期已经很盛行。鞭有软硬之分，硬鞭多为铜制或铁制，软鞭多为皮革编制而成。鞭适用于马战与步战。平常所说的鞭多指硬鞭，一般用于马战，且多用双鞭。

锏是一类什么样的兵器？

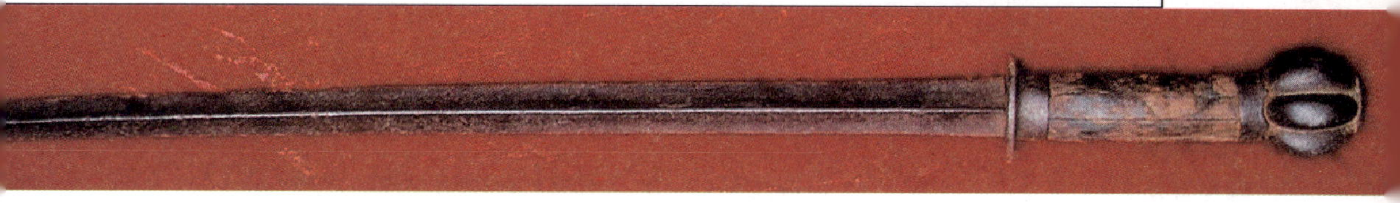

明朝的钢锏

锏与鞭属同类兵器，为一种短柄打击兵器，步骑兵皆适用。锏多用铜、铁制造，锏身呈四棱形，有棱而无刃，棱角突出，有的每距六七寸的地方有节，形似竹筒。锏上端略小，尖利的顶端可作刺击之用，下端有柄。锏多成对使用。

弓箭为什么能成为军中的重要兵器？

弓箭是古代一种弹射兵器，由箭和弓组成，其中弓由弓臂和弓弦构成，拉弦张弓积聚的力量在瞬间释放时，可以将弦上的箭射向目标。弓箭能在较远的距离处杀伤敌人，这与只能面对面用戈、矛、戟、枪、斧、刀、剑、匕首等砍杀、钩割或啄刺敌人的长短兵器来说，有无可比拟的优越性，因此弓箭成为军队攻守城郭、歼灭敌军的重要兵器。

弓箭是从什么时候退出战场的？

弓箭在战场上一直处于极其重要的地位，特别是元朝的蒙古兵和清朝的八旗兵都精于骑射。管形火器出现以后，弓箭仍盛行了很长一段时间，直到 18 世纪末被鸟铳所代替，到 19 世纪中叶才退出战场。

北京"聚元号"弓箭

箭为什么能够射中目标？

箭是用弓发射到远处的兵器，又称矢、镝、镞。箭包括箭镞、箭杆和箭羽三部分。箭镞即箭头部分，为铜或铁制，其嵌入箭杆处有一段相当长的铤；箭杆为竹或木质；箭羽为雕或鹰的羽毛。箭之所以能射中目标，是因为箭在设计时充分考虑了箭杆的重心位置与空气阻力和飞行轨迹之间的关系。例如，近射所用的箭，镞最重，前端三分之一的重量与后端三分之二的重量一样；守城车战用的箭，其重心在前端的五分之二处；用于狩猎并可将射出的箭用长丝绳连接收回的弋射箭，其重心在前端的七分之三处，镞很轻，可向上空射击。

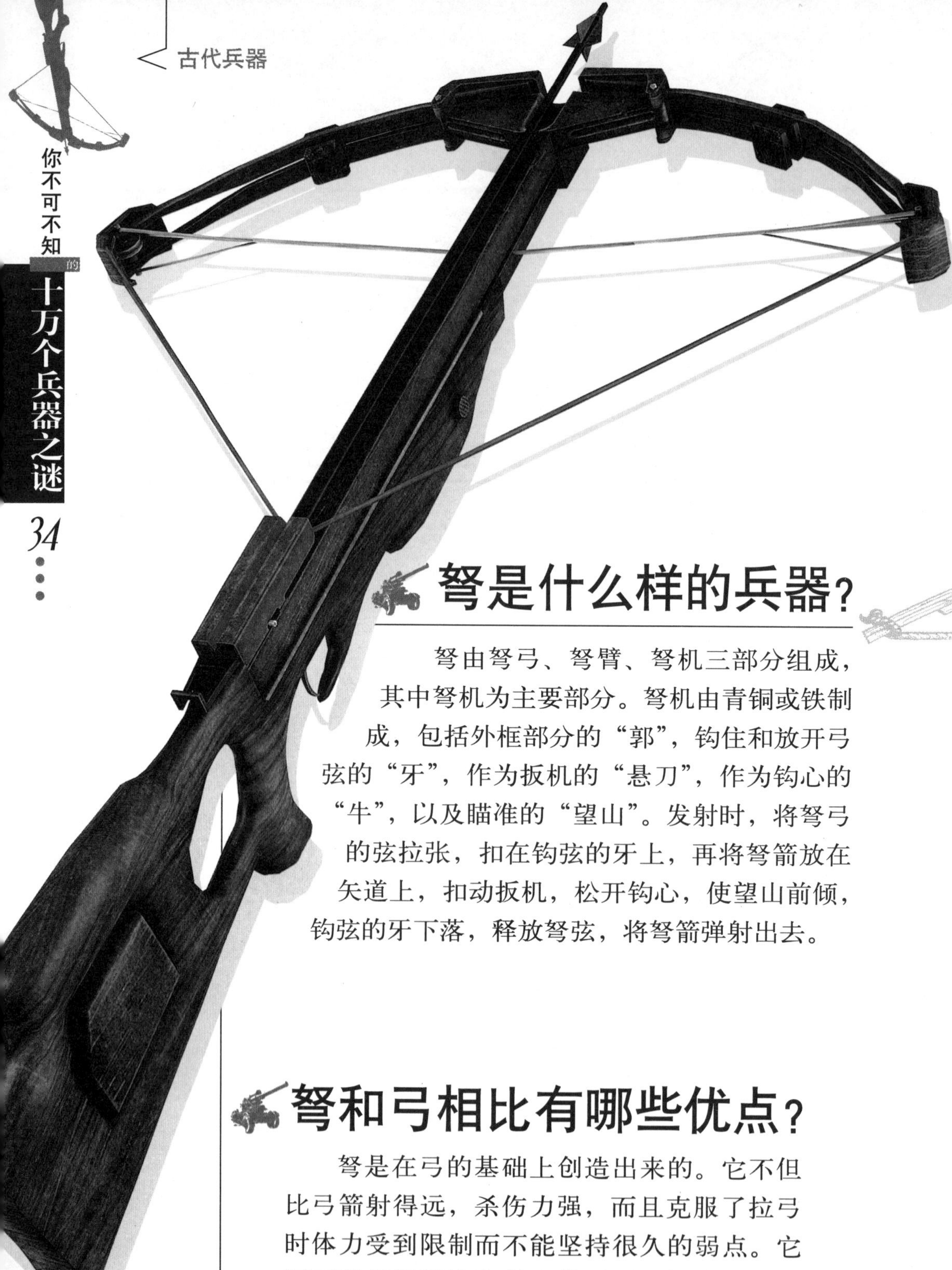

弩是什么样的兵器？

弩由弩弓、弩臂、弩机三部分组成，其中弩机为主要部分。弩机由青铜或铁制成，包括外框部分的“郭”，钩住和放开弓弦的“牙”，作为扳机的“悬刀”，作为钩心的“牛”，以及瞄准的“望山”。发射时，将弩弓的弦拉张，扣在钩弦的牙上，再将弩箭放在矢道上，扣动扳机，松开钩心，使望山前倾，钩弦的牙下落，释放弩弦，将弩箭弹射出去。

弩和弓相比有哪些优点？

弩是在弓的基础上创造出来的。它不但比弓箭射得远，杀伤力强，而且克服了拉弓时体力受到限制而不能坚持很久的弱点。它还可以根据瞄准和射击的需要，调节张弓时间的长短，命中率提高了很多。

为什么说弩是“守营兵器，不利行阵”？

由于弩的发射比较费时，而且持弩的士兵又不便兼用其他兵器，所以弩手常在其他士兵的掩护下编成“上弩”、“进弩”、“发弩”等组，轮番连续发射。在守关隘要塞时，弩更能发挥其威力。至南北朝以后骑兵大规模纵横驰骋之时，由于强弩不便在马背上使用，所以逐渐衰落。明朝以后，由于火器迅速发展，弩不再受重视。

连弩为什么又称“诸葛弩”？

连弩是古代的远射兵器，共分两种：一种是扣动扳机后，就能把箭连续不断射向敌人的连发式；另一种是能同时发射多支箭的多发式。三国时期的诸葛亮改进了连弩的设计，所以连弩也被称为“诸葛弩”。明朝的诸葛弩一次能连续发射10支箭，是一种具有代表性的连发式连弩。由于连弩发射准确、杀伤力大、打击范围大，在战场上对于冲锋陷阵的军事将领威胁极大。

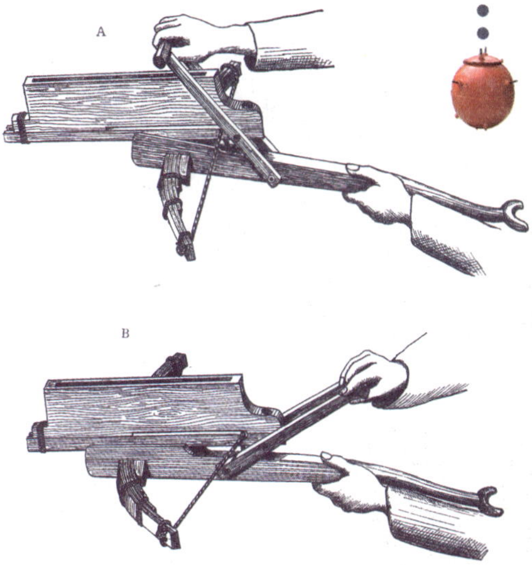

诸葛弩的工作原理示意图

盔甲都有哪些类型？

盔甲是冷兵器时代头部和躯干各部位防护装具的统称。它的名称繁多，但基本上分为护头的盔（在中国古代也叫胄）和护身的甲两部分。甲又可分为甲身、甲裙、甲袖和配件几部分。早期，人们用兽皮柳条、有垫衬材料的布套、木头等固定在躯干上，用以防护兵器的攻击。随着生产技术的发展，皮盔甲、藤盔甲、铜（青铜）铸盔甲逐步出现了。在盔甲的普及过程中，还出现了颈甲、面甲、腕甲、胸甲、手套等防护特定部位的配套甲具。

盔甲为什么退出历史舞台？

公元前2600年左右的两河流域，商周时代的中国，吠陀时代的印度，都已出现了铜盔甲。最早大量使用铁制盔甲的是中东的亚述人。在封建时代亚洲的一些国家和中世纪的欧洲，盔甲备受重视，极为完善精美，也较昂贵，甚至还出现了金银、稀有皮革的盔甲。随着近代火器的广泛使用，古代盔甲在战场上的防护作用逐渐降低，最终被现代的防弹背心所取代。

内蒙古出土的战国时期文物——条纹青铜胄

盾是什么样的兵器？

盾是古代作战时用来抵御刀剑等兵器进攻的防卫兵器。盾开始是木、竹、皮革的，后来用铜、铁制造。盾的形体多为长方形、圆形或梯形；表面一般都包有一层或者数层皮革，可以防止箭、矛和刀剑的攻击，上面通常还绘有各种彩色的图案、标志、徽章等；背后有握持的把手。盾通常与刀、剑等兵器配合使用。在古代东方、古希腊及古罗马诸国，盾被广泛使用。公元前2000年左右，出现了铜盾，后来又出现了铁盾。但随着枪炮等火器的发展，盾逐渐被废弃。

中国古代的盾有哪些别名？

中国古代的盾称“干”，与戈同为古代战争用具，故有“干戈相见”等词,后来还称作“牌”、“彭排”等。传说，中国最早的盾远在黄帝时代就有了。《山海经》中就有关于“刑天”这位英雄人物的神话，描写他一手操干，一手持斧，挥舞不停的雄姿。盾作为一种“主卫而不主刺”的卫体兵器，早在商朝就已经存在。到唐朝时，盾改称“彭排”。宋朝时正式称“牌”。明清两朝沿袭宋的叫法,称“牌”而不再称“盾”。

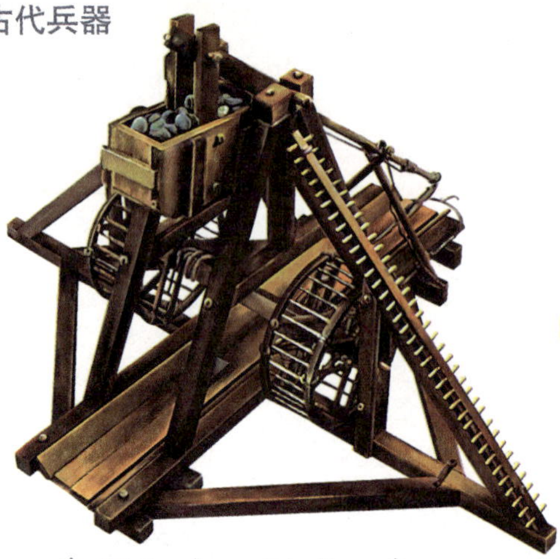

抛车是如何工作的？

抛车又叫发石车或抛石机，是一种抛掷石弹的攻守城垒的武器。抛石机利用杠杆原理工作，它的机架两支柱间有固定横轴，上有与横轴垂直的杠杆，可绕轴自由转动。杠杆短臂上固定一个重物，长臂末端有弹袋用于装弹。发射时，用绞车把长臂向后拉至几乎水平，然后突然放开，石袋即刻迅速升起。当短臂重锤完全落下时，投射物从弹袋中沿大约45°角飞出。30千克的石弹射程约140～210米，100千克的石弹射程约40～70米。

抛车经历了怎样的发展历程？

在我国，抛车最早出现在周朝，到南北朝时被安装在车上，随军行动。到宋朝时，抛车又得到进一步发展，可以抛射燃烧性和爆炸性的火器，在战争中发挥了极大的作用。明朝以后，火炮成为主要的攻守武器，抛车逐渐退出了战场，至清朝就完全被火器淘汰。

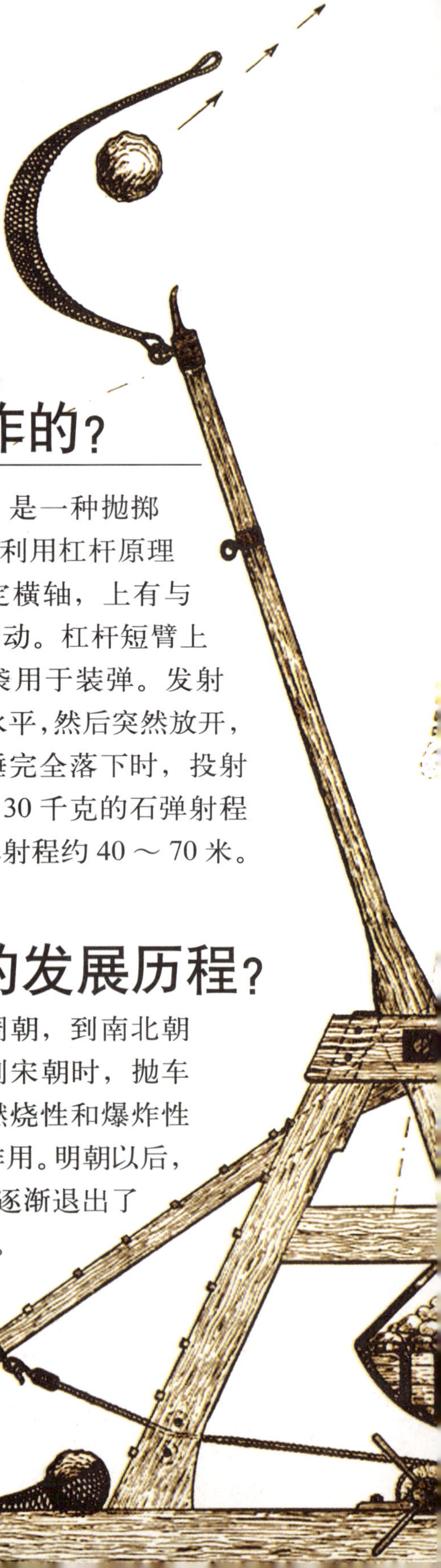

抛车

云梯是什么样的兵器？

云梯是一种用以攀登城墙的古代工程器械，同时也可用来登高侦探敌情。云梯最早出现在商朝，到战国时有了很大改进，大致分为底盘、梯身和车架三部分。底盘装有车轮，可以移动；梯身是攻城用的；车架上藏有士兵。唐朝的云梯比战国时期的有了很大改进，底部是一个大木床，下面装有 6 个轮子；梯身（主梯）以一定角度固定安装在底盘上；在主梯之外，又增设一具活动的上城梯（副梯），其顶端装有一对辘轳，登城时辘轳可以沿着城墙壁面上下滑动。宋朝的云梯结构有了更大的改进，采用了中间以转轴连接的折叠式结构，并在梯底部增添了防护设施，而且上城梯（副梯）出现了多种形式，有飞梯、竹飞梯、蹑头飞梯等。这些改进使登城变得简便迅速。明朝以后，云梯因为笨重、巨大无法抵御火器的攻击而逐渐被废弃。

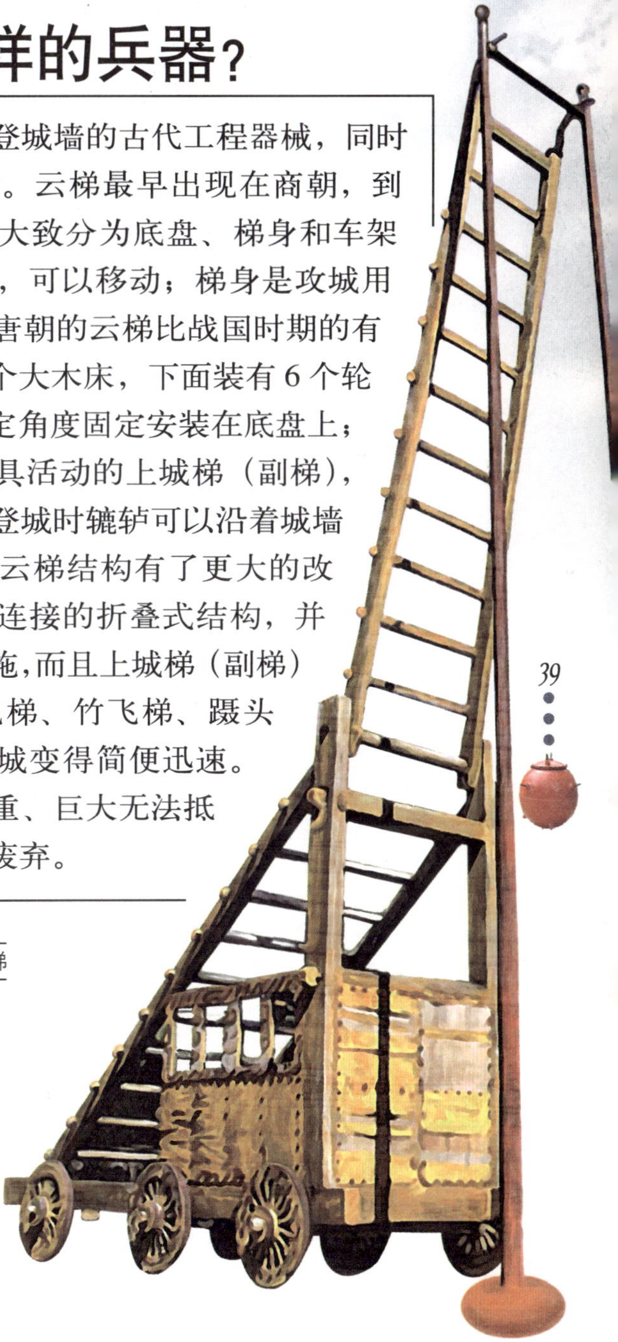

云梯

战车在我国什么时代非常盛行？

这里所指的战车，特指那种以马拉动的战斗车辆。战车在我国的夏、商、周时期非常盛行，成为一个国家军事实力的象征。战车一般为独辀（辕）、两轮、方形车舆（车厢），驾四匹马或两匹马。车上有甲士三人，中间一人为驱车手，左右两人负责搏杀。战车种类很多，可分攻车和守车两类，前者用于驰逐攻击、冲锋陷阵，后者用于设置屏障、运输辎重等。由于那时的步兵不能有效地阻止战车的进攻，从而使战车成为作战的有利工具。到了汉朝，随着骑兵的兴起，战车逐渐退出战争舞台。

滚刀战车有什么特点？

滚刀战车也叫轮刀战车，由古波斯国王基尔发明，是重要的突击兵器之一。滚刀战车的最大特点就是在它的车首安装了一把大刀，在车轴的两端也装有几把大刀。当车前进时，车首的大刀可以直刺敌人；车轴上的刀会滚动起来，把所碰到的一切都统统割碎。

我国古代的战船都有哪些种类？

战船指用于作战的武装船舶。西汉时期已经根据不同作战任务的需要，把战船进行了分类：大型楼船是水军主帅乘坐的指挥船；比楼船稍小的船称“斗舰”；小型战船称“艇”；四周有女墙防护、桨手多、航速快的船称“走舸”；装有冲角、用以撞击敌船的船称“突冒”；运送士兵率先登陆抢占滩头阵地的船称“先登”；船体狭长、专门用来冲击敌方船队的战船称“艨艟”；侦察敌情的船称“斥候”；轻型快速的船称“赤马舟”；防御设备比较好的船称“舰”等。战船进行科学分类后，既可以使战船将士明确自己的职责，又利于相互进行协同作战。

火器之谜

火药是如何发明出来的？

人类最早使用的火药是黑火药，它的发明同我国的炼丹术有密切的关系，是古代炼丹士在炼丹时无意中配制出来的。炼丹术是炼制长生不老药的一种方术。在炼丹中，炼丹士常用硝石与硫黄、雄黄、雌黄等含硫的原料。晋朝炼丹士葛洪在他的著作《抱朴子·仙药篇》里有用雄黄、硝石、猪大肠油和松脂共炼丹药的记载，它可视为火药的前身。唐朝的炼丹士在师承前辈的基础上，创造了伏火法，即用适量的硫黄与硝石再混合木炭就能着火、爆炸。当时，硫黄、硝石均是用来治病的药，这两种药和木炭和在一起能着火，因而称“火药”。最早明确记载火药的文献是唐朝炼丹家清虚子所著的《太上圣祖金丹秘诀》。由此可知，早在公元808年前，世界上最早的火药就已经在我国诞生了。

炼丹炉原本是中国古代的炼丹家用来炼制长生不老药的器具，但在无数次实验未果的情况下，它却无意中成为了火药诞生的摇篮。

火药从什么时候开始被用于战争中？

中国炼丹士为追求长生不老而发明的火药，最初主要用于医药，这从其“药”字即可见一斑。火药自发明以来经过 100 多年的改进，到北宋初年，被火器研究者和统兵将领冯继升、唐福、石普等人创制成火球、装火药的火箭等第一批初级火器，开始正式用于战争中。

火药是如何传入欧洲的？

北宋时期，中国火药由辽传入伊朗，被称为“中国盐”。南宋理宗时期，阿拉伯人从伊朗引进火硝或硝石合成火药，称其为“中国雪”，用于烟火之中；后又用于管状兵器中作为发射药。13 世纪，蒙古军（元朝建立后称元军）西征时用的火炮传入阿拉伯地区，阿拉伯人对火炮进行了改造，并将它用于对欧洲国家的战争中。14 世纪中叶，欧洲人从阿拉伯人那里获知火药的知识，并学会了制造火器的方法，火药才正式传入欧洲。

什么是火器?

火器即利用火药等的燃烧、爆炸作用或发射的弹丸进行杀伤和破坏的兵器。古代火器主要包括火箭、火铳和铁火炮等。火器的威力和破坏力远大于冷兵器，因而逐渐成为继冷兵器之后古代战争的主要武器。

火球是如何制造出来的?

火球又称火药弹，是一种球状的可抛掷的古代火器，出现于中国宋朝初期。制作火球时先将含硝量低、燃烧性能好的黑火药团和成球状，有时还往其中掺入有毒或发烟物质，而后用纸、麻或薄瓷片将火药团包裹数层,再在其表面涂满油脂,以防潮和助燃。使用时，将火球引燃，而后将其抛向敌军，以其燃烧产生的火焰或毒烟杀伤敌军。

最早的火箭是什么样的？

在火药使用以前，我们的祖先就已经发明了一种火箭，即在箭头上绑上一个麻布包，包里有油脂等容易燃烧的东西，点燃后将箭射向敌方。但是这种火箭燃烧不快，火力不强，很容易被敌人扑灭。所以，早期的火箭在战争中的作用并不大。

火药箭是什么时候创制的？

火药箭简称火箭，是北宋初期创制的。火药出现以后，人们就利用早期火箭的制造方法，把火箭上的油脂换为火药，并且加上引线，制成了火药箭。打仗时，只要点着引线，用弓将火药箭向敌人射过去就可以了。火药箭的燃烧要猛烈多了，所击之处烈火腾飞，杀伤力较强。

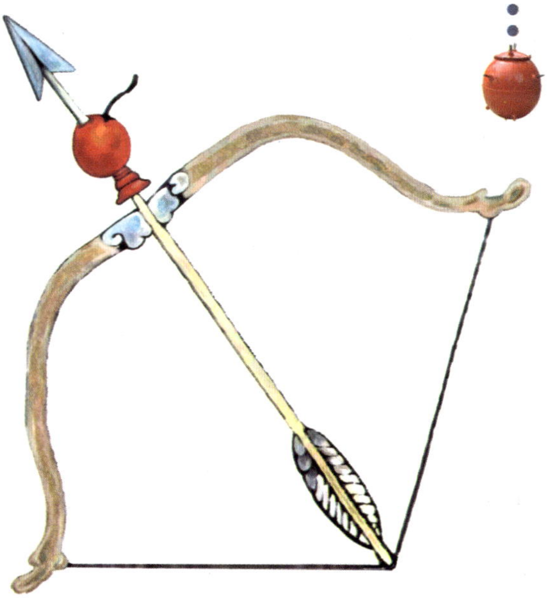

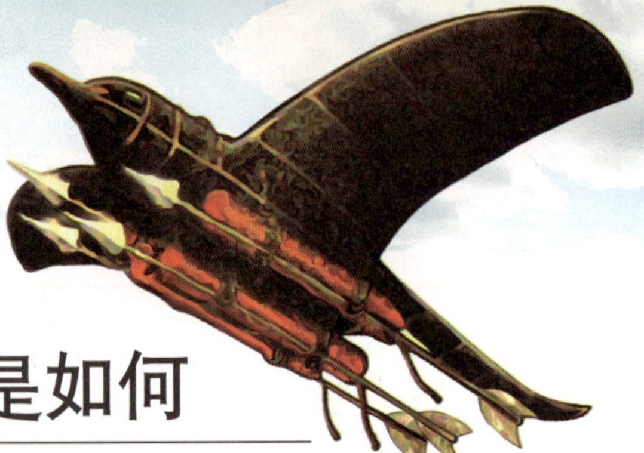
神火飞鸦

神火飞鸦是如何“飞”起来的？

明朝史书上记载的军用火箭“神火飞鸦”，外形如乌鸦，是用细竹或芦苇编成的，内部填充火药，外部用绵纸糊裱。鸦身两侧各装两支火箭，火箭的药筒底部和鸦身内的火药引火绳相连。作战时，同时点燃这 4 支火箭。在火箭的推动下，飞鸦凭着一对双翼，可以稳稳地飞到 100 丈(333 米)开外。飞鸦落地时，内部装的火药被点燃引爆。爆炸时的飞鸦宛如今日的火箭弹。

最早的二级火箭是什么时候出现的？

世界上最早的远程二级火箭诞生于我国的明朝。在一支火箭上有前后点燃的两个单发式火箭，当第一个单发式火箭的火药燃尽时，用与其连接的药引线点燃第二个单发式火箭，使得火箭重新获得新的推进力量。明朝专用于水战的“火龙出水”，便是一种二级火箭。

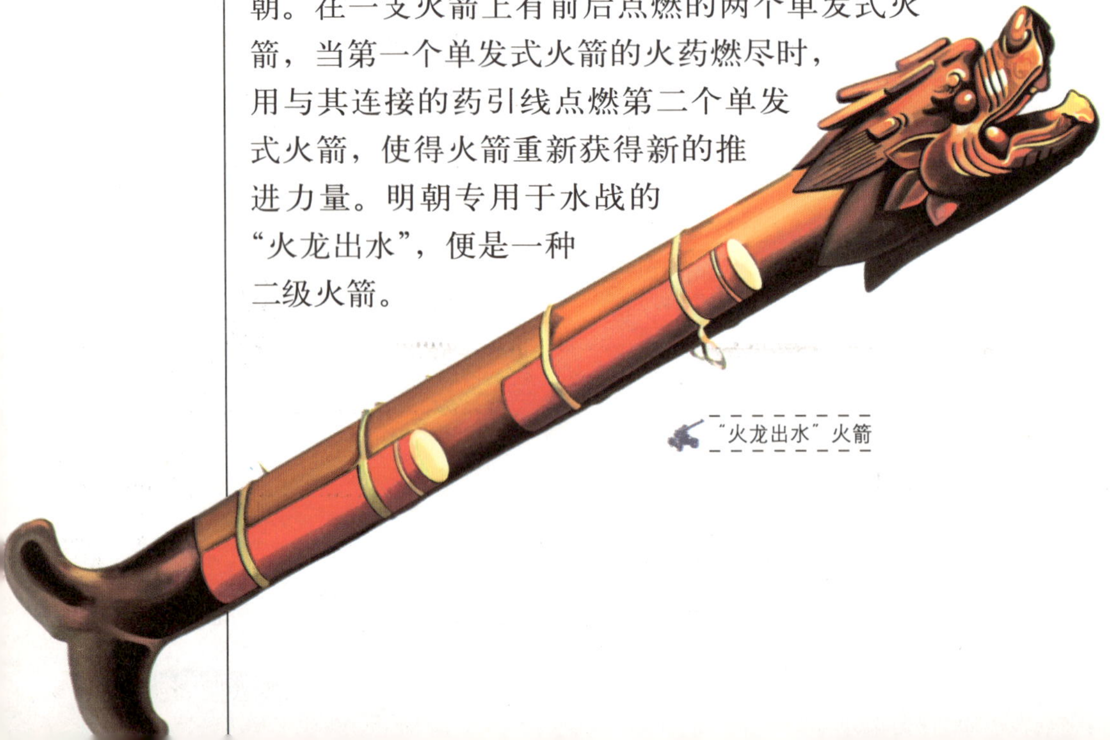
“火龙出水”火箭

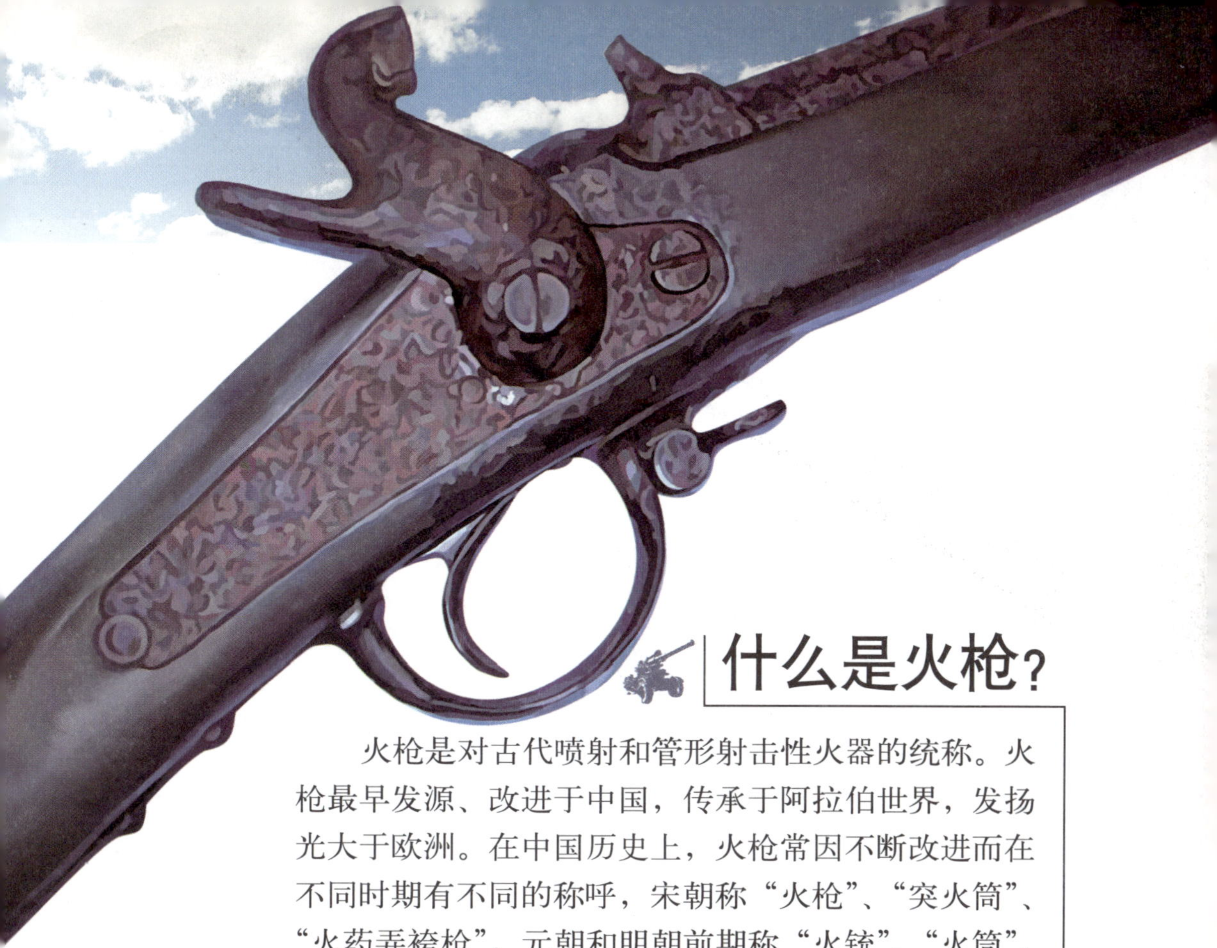

什么是火枪？

火枪是对古代喷射和管形射击性火器的统称。火枪最早发源、改进于中国，传承于阿拉伯世界，发扬光大于欧洲。在中国历史上，火枪常因不断改进而在不同时期有不同的称呼，宋朝称“火枪”、“突火筒”、“火药弄袴枪”，元朝和明朝前期称“火铳”、“火筒”，明朝晚期和清朝又称“鸟铳”或“鸟枪”。

最早的火枪是什么样的？

最早见于史书记载的火枪，是南宋绍兴二年（1132）抗金名将陈规守德安（今湖北安陆）时创制并使用的长竹竿火枪。长竹竿火枪以竹为筒，内装火药，临阵点燃，喷射火焰，焚毁敌人的攻城器械“天桥”。它是最早的管形喷射火器，能使点燃的火药定向集中喷射火焰。

宋朝突火枪

为什么称突火枪为后世枪炮的鼻祖？

突火枪发明于南宋开庆元年(1259)，它具备了管形射击火器的三个基本要素：一是身管，二是火药，三是弹丸(子窠)。突火枪以巨竹为筒，在其中装填了火药和子窠(内装黑火药、瓷片、碎铁、石子等)。火药在筒中燃烧后产生的气体推力，能将子窠沿着枪的轴线方向射出，起到击杀作用。突火枪不同于之前出现的长竹竿火枪和飞火枪(一种喷火枪)，是世界上最早自发应用射击原理的管形射击火器，因此被视为是后世枪炮的鼻祖。

火枪筒为什么要改用金属材质？

早期的火枪都是用竹或纸制成的筒，其在作战时容易被烧毁或炸裂，所以从元朝起，火枪改制为铜或铁的金属筒，同时也改称为火铳，从而克服了这种弊病。火铳通常分为单兵用的手铳，城防和水战用的大碗口铳、盏口铳和多管铳等。火铳是中国古代第一代金属管形射击火器，它的出现使火器的发展进入了一个崭新的阶段。

火门枪是什么样的？

14 世纪，意大利人发明了火门枪。所谓火门枪，就是在枪上有一个点火的火门。我国早期的小型火铳等都属于火门枪。火门枪结构很简单，有一个铸铜或熟铁制造的发射管（即枪管），发射管的下端有一火门，用来点燃火药，发射管尾端接一叫“舵杆”的木棍或长矛，木棍或长矛便于射手握持、瞄准和控制发射。发射时，将黑火药从枪的膛口装入，然后再插入诸如石弹、铁弹、铜弹或铅弹一类的弹丸，接着用烧红的金属丝或木炭点燃火门里的火药，从而将弹丸射出。

为什么火绳枪会替代火门枪？

大约在 15 世纪早期，欧洲人发明了一种可控制点火的火绳枪，使枪的制造进入一个新时代。火绳枪的结构是，枪上有一金属弯钩，弯钩的一端固定在枪上，并可绕轴旋转，另一端夹持一燃烧的火绳。发射时，用手将金属弯钩往火门里推压，使火绳点燃黑火药，进而将枪膛内装填的弹丸发射出去。这样，射手可以一边瞄准一边推火绳。而火门枪的发射需要两名射手，分别负责瞄准和点火，使用起来很不方便，因此会被淘汰。

上图使用火绳发射弹丸，下图使用的是比火绳更先进的燧发机。

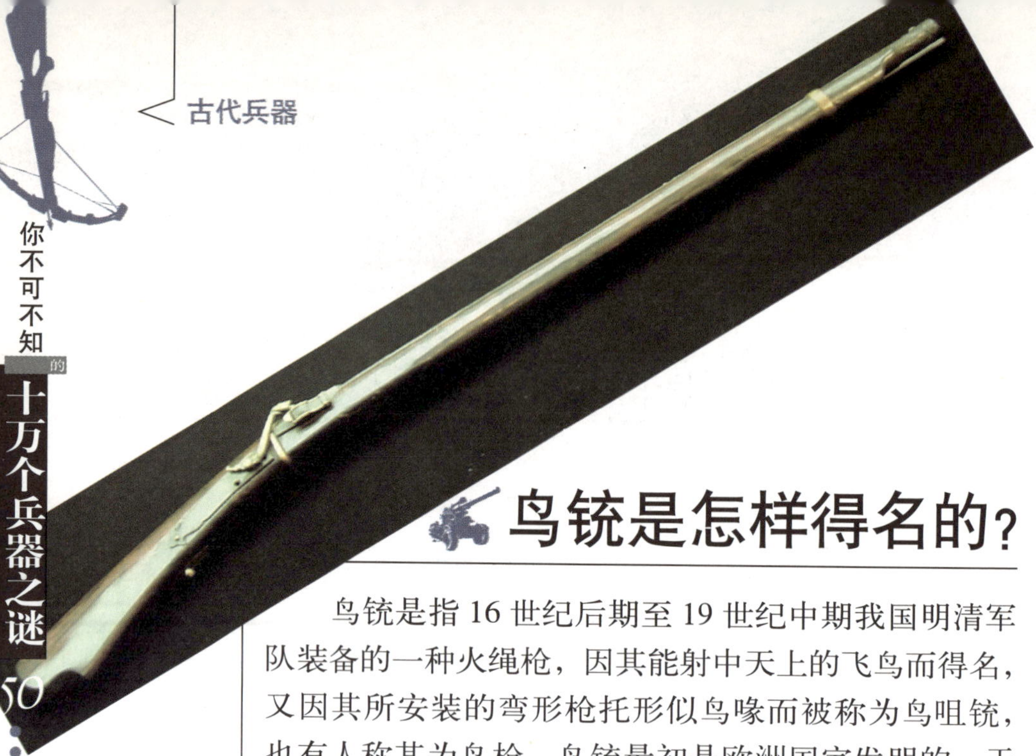

鸟铳是怎样得名的？

鸟铳是指16世纪后期至19世纪中期我国明清军队装备的一种火绳枪，因其能射中天上的飞鸟而得名，又因其所安装的弯形枪托形似鸟喙而被称为鸟咀铳，也有人称其为鸟枪。鸟铳最初是欧洲国家发明的，于明朝时传入我国，明军开始进行仿制。

燧发枪为什么能够广泛流传？

燧发枪是利用燧石枪机点火发射的枪，初创于16世纪20年代的德国。这种枪将火绳枪用的火绳点火装置改进为燧石发火装置：在击锤的钳口上夹一块燧石，在传火孔边有一击砧，射击时扣动扳机，在弹簧的作用下，将燧石重重地打在火门边上，冒出火星，引燃火药，将弹丸射出。燧发枪具有不怕风雨、不需事先点火、只要连续扣动扳机就可连续发射的优点，因而成为当时性能最好的枪，被世界各国所采用，一直流行至19世纪中期。

元朝铜火铳

早期的原始火炮是什么样的?

古代最早的炮写作砲，即抛石机，是用几十人甚至上百人拉动杠杆，将石头抛出去的作战器械。火药发明之后，抛石机便开始抛射火药、火药弹。后来，突火枪出现了，在它的基础上，元朝时出现了金属管形火器——火铳，并逐步发展成为青铜火炮。这才是真正意义上的火炮。这种火炮的主要构造是一根厚重的金属管，管的一头被封起来，管里装满了火药。点燃导火线使管内的火药爆炸，将一颗金属球从管口射出。

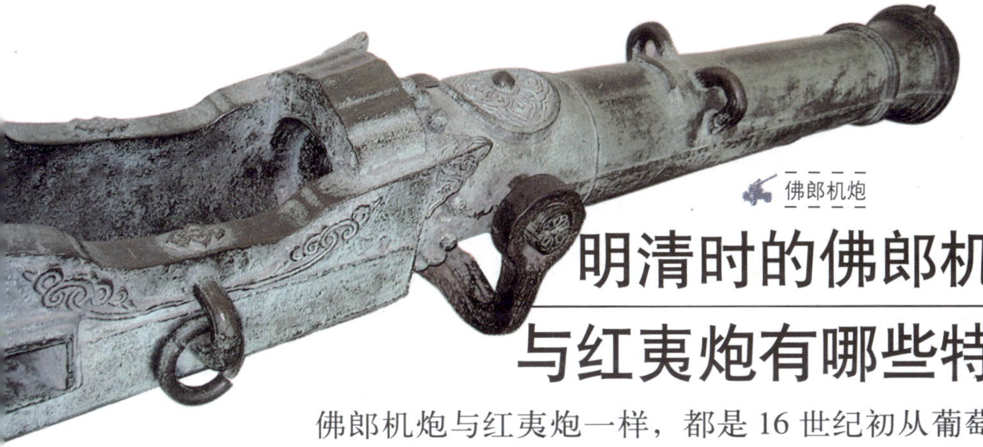

佛郎机炮

明清时的佛郎机炮与红夷炮有哪些特点?

佛郎机炮与红夷炮一样，都是16世纪初从葡萄牙传到我国来的，后被国人仿制。它们都是火绳炮。佛郎机炮是子母炮，一个母铳可以配备多个子铳，子铳起到药室的作用，在作战时只需更换子铳就能连续发射。但由于后膛和炮管间有缝隙，造成气体泄漏，火药威力下降，因此佛郎机炮不如红夷炮的射程远。红夷炮与佛郎机炮相比，口径较大，管壁较厚，能承受较大膛压，因此射程远、威力大。由于这个特点，红夷炮到清朝时便渐渐取代了佛郎机炮。

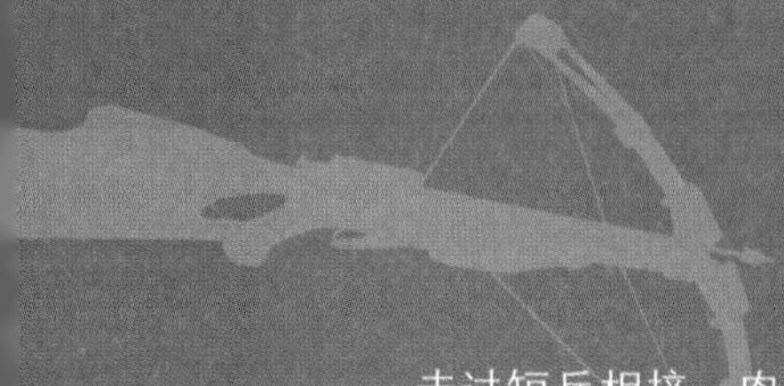

走过短兵相接、肉身相搏的古代战争时代，迈入现代社会，兵器已不再是简简单单的人力与人力相对抗的工具，而是拥有了高超的“智能”，战争亦成为鲜见兵卒的兵器之争，谁厉害谁才能赢。由此，战争演绎成科技与武器的较量。不用火药的新型电磁炮，具有特种功能的现代坦克，威力强大的航空母舰，神秘莫测的隐形飞机，行踪诡秘的核潜艇，可以跨洲作战的导弹，只伤人不毁物的中子弹……层出不穷的新武器，无一不是在体现科技的进步。

——编者

NI BU KE BU ZHI DE SHI WAN GE BING QI ZHI MI

第二章 现代兵器

XIAN DAI BING QI

陆战兵器之谜

什么是枪械？

枪械指利用火药燃气能量发射弹丸，口径小于 20 毫米（大于 20 毫米的定义为火炮）的身管射击武器。陆军使用的枪械主要有手枪、步枪、冲锋枪和机枪等，口径一般分三种：6 毫米以下称小口径，12 ～ 20 毫米为大口径，介于二者之间的为普通口径。枪械以打击无防护或弱防护的有生目标为主，是步兵的主要武器，也是其他兵种的辅助武器。

枪械主要由哪些部分组成？

枪械的种类很多，结构也各不相同，按照作用大致可分为：枪管；枪机，包括机头、机框（或手枪的套筒）、拉壳钩等部分，不同枪械这部分的结构也大不相同；机匣，一般包括机匣、机匣盖、枪关节套、尾座等，但随枪械种类的不同而有很大差异；自动机构（对自动武器言），包括复进装置（复进簧）、导气装置（导气式武器）、缓冲机构等；供弹机构，一般指弹匣、弹鼓、机枪的供弹机、弹链等；击发机构，包括击锤、扳机、阻铁等零件；瞄准装置，包括普通的机械瞄准具，也可能是光学、夜视等瞄准具；持握装置，一般指枪托、握把、护木、提把等。此外，很多枪械还有其特有的结构，如机枪的两脚架、三脚架，狙击步枪的贴腮垫等。

为什么枪械大多涂成黑色的？

枪械涂上黑漆主要是为了防止生锈和腐蚀。在使用过程中，风沙、尘土、雨雪和空气中的水分等会附着在枪械表面；枪械在实弹射击以后，枪膛、导气孔、气体调整器、活塞、活塞筒和枪机等部件会被火药气体熏染和附着。这层黑漆能把枪械与外界的火药气体、空气、水分和风沙隔开来，有效地防止金属零件的腐蚀和生锈。另外，黑色对光的反射小，在作战行动中可以起到隐蔽的作用。

枪托有什么作用？

枪托即枪的柄，木制的或铁制的，位于枪的末端，是供端起来瞄准射击用的部件。开枪时，将枪托放在肩上，主要用来抵消开枪时产生的后坐力。

前装枪是如何装填弹药的?

早期的枪，如火门枪、火绳枪、燧发枪等，都属于前装枪，即弹药要从枪口处装填。首先从枪口处装入发射药，再填入弹丸，还要用通条将弹药冲压填实，然后才能瞄准射击。前装枪最大的缺点就是射击速度慢，像早期的枪一分钟只能打一枪。因此，后装枪出现后，前装枪就逐渐被淘汰了。

后装枪为什么优于前装枪?

后装枪最初使用的是纸壳定装枪弹。使用时，射手从枪机后面将子弹推入枪膛，扣动扳机后，枪机上的长杆形击针刺破纸弹壳，撞击底火，引燃发射药，将弹丸射出。由于这种后装枪的子弹需要一发一发地装入枪膛，所以这种枪也叫“后装单发枪”。后装单发枪比前装枪装填子弹方便，发射过程也大大简化，射击速度也比前装枪提高了四五倍，同时还能在跑动或卧、跪射击中重新装填子弹，所以它的出现对前装枪发起了挑战。

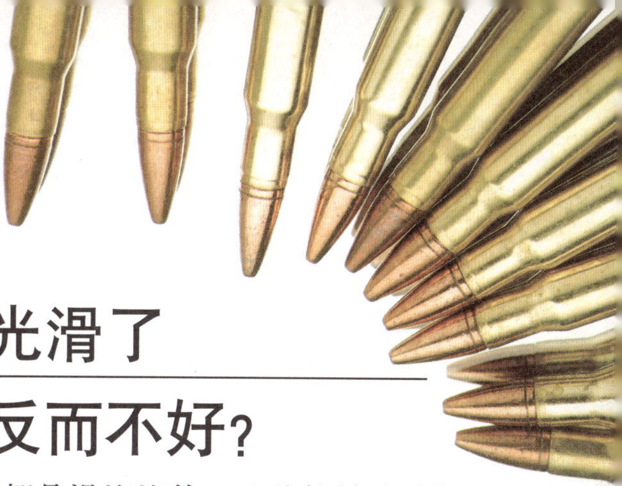

为什么枪膛光滑了反而不好？

早期的枪管，里面都是滑溜溜的，这些枪被称为滑膛枪。照理说，枪管内壁的光滑度越高，阻力越小，弹丸的初速度就越大，射程也就越远。然而事实表明，因为枪膛光滑，所以枪支发射时密闭性很不好，火药气体会从这些空隙中泄漏出去，而且射出的子弹会在空中翻滚，稳定性很差，使枪支的射击准确度大大降低。

为什么线膛枪代替了滑膛枪？

线膛枪又叫来复枪，它的枪管内部刻有螺旋槽（也叫螺旋线、膛线），这些槽的作用是使弹丸旋转。弹丸在火药气体压力的推动下，在膛线的作用下，从枪管后端向前运动，高速旋转着飞出枪口，并在飞行过程中始终保持绕轴旋转的姿势前进，不再翻跟头，从而保证了飞行的稳定性和射击精度，提高了枪械的性能。滑膛枪也因此被迅速淘汰。

M–24来复枪

子弹具有什么样的构造？

子弹是由弹丸（弹头）、药筒（弹壳）、发射药和火帽（底火）四部分构成的。弹丸是子弹上的杀伤部件。药筒用于盛装发射药，并且把弹丸和火帽连接在一起。无论什么用途的子弹，国际上通用的发射药大多为无烟火药，主要成分为硝化棉。对于不同的枪械，子弹所装的发射药形状也各不相同。例如，手枪多采用球状或杆状的发射药；对于枪管较长的枪，发射药则做成圆柱七孔状，样子有点像蜂窝煤。火帽由导气孔、发火砧及击发剂组成，作用是击发产生火焰，迅速点燃发射药。

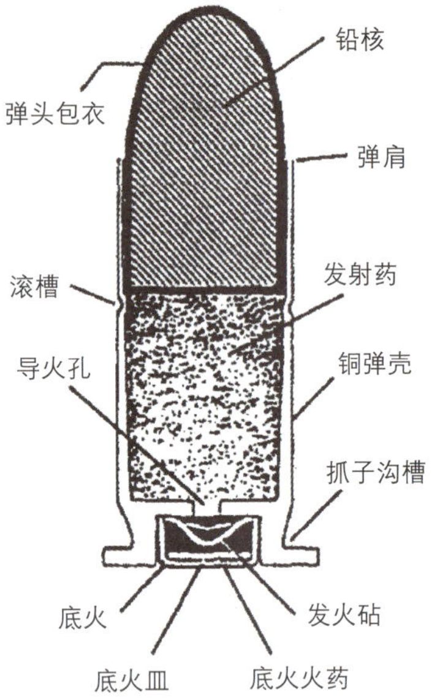

为什么子弹的弹头颜色各异？

子弹的种类很多，用途各不相同。为了便于区别辨认，在弹头的尖端往往涂有各种不同的颜色，作为不同弹种的标记。例如，普通弹的弹头不涂色或涂银色（钢心弹），曳光弹的弹头涂有绿色，燃烧弹的弹头涂有红色，穿甲燃烧弹的弹头涂有黑色（有的涂黑色加红圈），瞬爆弹的弹头涂白色等。

枪械子弹的火药是如何被引爆的？

当扣动扳机发射时，撞针击发子弹的火帽（内装击发点火药），火帽迅速燃烧引燃药筒（弹壳）内的发射药。发射药瞬燃，同时产生高温、高压气体，将弹丸（弹头）从药筒内挤出。这时的弹丸在高压推力作用下向前移动，同时受枪管膛线的挤压产生旋转，最终被推出枪膛。

弹壳是怎样被抛出弹膛的？

弹壳是由抽壳机构抽出弹膛，并被抛壳机构抛出枪外的。抽壳机构的主要构件是抽壳钩，它的作用是与枪机配合，把弹壳抽出弹膛。抽壳钩装在枪机前部，其前端有一带斜面的钩齿，在枪机推弹进膛时，钩齿越过弹壳底缘并扣在抽壳钩槽内，抓住弹壳。枪机后坐时，用抽壳钩将弹壳抽出弹膛。抛壳机构的主要构件是抛壳挺，抛壳挺与抽壳钩、枪机等机构配合，把弹壳抛出机匣外。

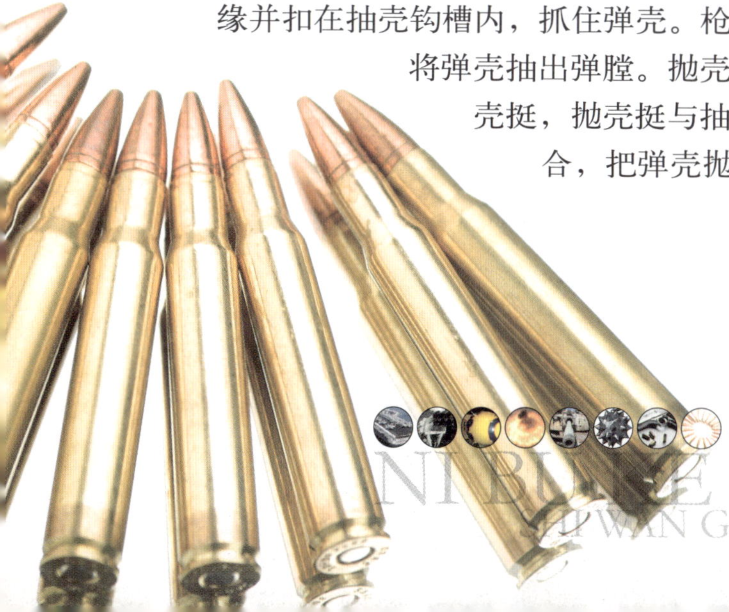

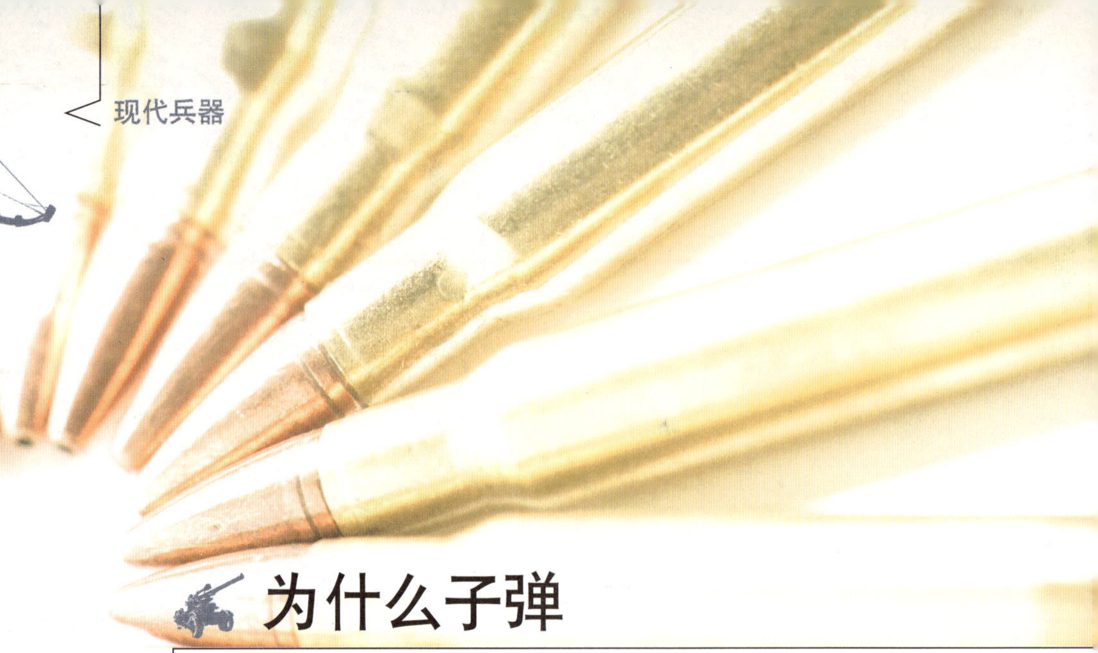

为什么子弹几乎都是用铜做的？

铜通常用来制作子弹的弹壳和弹头被甲。弹壳部分要在弹膛内推上抽下，弹头部分在发射后还要与膛线咬合，所以这部分材料的质地必须比弹膛和枪管的质地软，否则一支枪承受不了这么大的摩擦力，打不了几发子弹就得报废。针对钢铁质地的弹膛和枪管，铜能够满足这一要求，同时铜的延展性也比较好，而且不会因生锈而磨损枪管的膛线，所以铜是制造弹壳和弹头被甲最理想的材料。

为什么有的子弹头是尖的，有的是钝的？

手枪子弹

不同用途的子弹，弹丸头部采用的形状也不一样。对于射击距离较远的子弹，如步枪、机枪子弹等，弹丸头部做成尖拱形，这种流线型的外形有利于减少空气阻力，提高飞行稳定性，适合在中远距离射杀目标。而对于射击距离较近的子弹，如手枪子弹，弹丸头部做成钝的卵圆形，这种接近于球状的外形能在飞行过程中较好地保持稳定性，就算翻跟头也不易偏离方向。

自动枪械是怎样实现自动动作的？

现代军用枪械多属于自动枪械，能够自动实现射击、退壳与重新装填等操作。自动枪械所采用的自动原理大体可分为枪管短后坐式（退管式）、枪机后坐式和导气式三种。采用枪管短后坐式的枪械以手枪最为典型，其自动原理是：当弹头在膛内运动时，套筒带动枪管向后运动，完成开锁、抽壳、抛壳动作，并把第二发子弹自动推进弹膛。采用枪机后坐式的枪械有冲锋枪，其自动原理是：枪管与枪机之间无扣合，当弹头在膛内运动时，枪管不动，枪机在膛底压力作用下向后运动，完成抽壳、抛壳、填弹等一系列动作。采用导气式的枪械主要有步枪和机枪，其自动原理是：弹头沿膛线前进，当越过枪管上的导气孔时，发射药产生的高温、高压气体通过导气孔进入气室，推动活塞，从而带动枪机向后运动，抽出弹壳并抛出枪外，然后枪机在复进簧的作用下完成复进推弹入膛的动作。

枪管越长射程就越远吗？

从理论上分析，枪管越长，产生的火药气体对弹头的推进力量就越大，因此射程就会越远。像手枪射程较短，就与枪管不长有关。但这一观点也不是绝对正确的。枪管越长，对子弹的摩擦力就越大，这比子弹在空气中飞行的阻力要大得多，反而不利于增加射程了。因此，科学地说，增加子弹射程需要增加膛压或减小飞行阻力。膛压高就可以提高弹头的初速度，即增加了射程。提高膛压一般通过增加发射药药量和加长枪管长度来实现。

口径是怎样确定的？

口径指枪管或炮管的内直径。对线膛枪来说，枪膛内有膛线，其中凹下去的小槽称阴膛线，凸起来的则称阳膛线，该枪口径为两条相对阳膛线之间的垂直距离。口径通常以毫米计算，20 毫米以下的称枪，20 毫米以上的称炮。

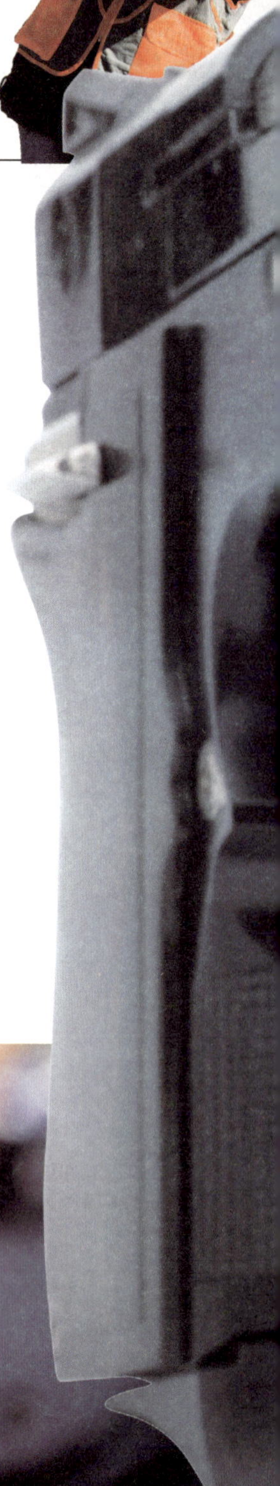

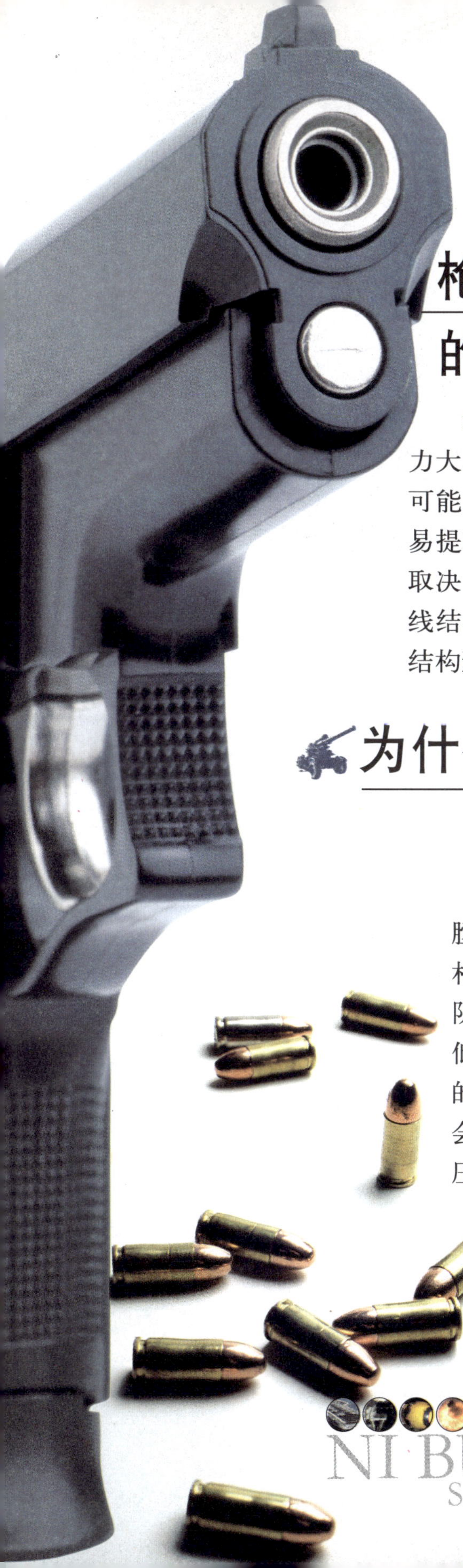

枪的威力大小与口径的大小成正比吗？

枪械口径的大小并不是判定枪械威力大小的决定因素，只能说口径大威力可能更大，因为口径大总比口径小更容易提高其威力。枪械威力的大小不仅仅取决于口径的大小，还与枪管长度、膛线结构、枪弹装药结构及装药量、弹头结构形状及质量等很多因素有关。

为什么子弹头的直径比枪的口径大？

现在，基本上所有的枪支都是线膛枪。如果子弹头的直径与枪的口径相同，子弹发射时，一部分气体会从阴膛线凹陷的空隙中溜走，使膛压降低，从而影响初速度和射程。把弹头的直径做得比枪的口径大一点，弹头会在阳膛线的挤压下发生变形，被挤压的部分填充到原来弹头与阴膛线之间的缝隙中，从而起到气密的作用，保证了弹头在空中高速旋转飞行。

枪械的射手是如何进行瞄准的？

枪械的机械瞄准装置通常固定在枪管上方（也有在枪管侧方的），由前后两部分组成，前面的叫准星，后面的叫照门。照门中央有一个缺口，眼睛从照门缺口、准星再到目标看过去，成一条瞄准线，而这条瞄准线与枪管的轴线并不平行，而成一个夹角。目标离射手越远，瞄准线与枪管轴线的夹角就越大。为此，射手需要通过调整照门来改变这一夹角，以实现准确射击。瞄准时，射手先按距离调整好照门的位置，将准星与照门平正并对准目标，即可射击。

枪械上的弧形表尺有什么作用？

现代枪械打得很准，主要是瞄准装置的作用。弧形表尺就是瞄准装置的一种，它能解决不同距离的目标准确射击的问题。

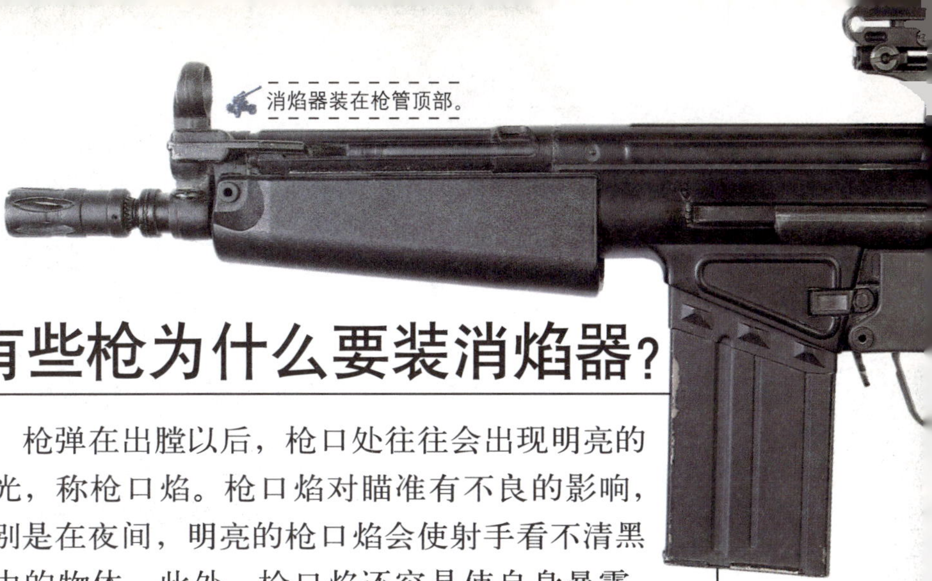
消焰器装在枪管顶部。

有些枪为什么要装消焰器？

枪弹在出膛以后，枪口处往往会出现明亮的火光，称枪口焰。枪口焰对瞄准有不良的影响，特别是在夜间，明亮的枪口焰会使射手看不清黑暗中的物体。此外，枪口焰还容易使自身暴露。消焰器的作用就是使燃烧的火药在消焰器内燃烧、熄灭，从而减小枪口焰。消焰器的设计多见于机枪。一些冲锋枪和极少数步枪也采用消焰器。

为什么后坐力总是使枪口向上跳？

后坐力是枪弹射出时产生的反冲力，它向后作用于枪管轴线上。持枪人为了克服后坐力而对枪施加支撑力，这个支撑力作用于枪管轴线的下方，而支撑点就像杠杆的支点。根据杠杆的平衡原理，当后坐力向后作用时，枪口便会向上跳。

AK系列枪族中的一员

枪族是怎么回事？

所谓枪族，是使用统一枪弹，基本结构相同，除枪管外的主要零部件可以通用，战术功能不同的几种枪的总称。枪族是20世纪60年代出现的新概念、新方案，它是战后轻武器发展的一个重要趋势。目前，世界上最好的枪族是AK系列枪族，除此之外还有中国的5.8枪族、英国的4.85班用枪族、以色列的5.56加科尔枪族、德国的HK33枪族等。

谁享有“世界枪王”的美誉？

苏联枪械设计师卡拉什尼科夫，从22岁开始进行枪械设计，先后设计出了7.62毫米AK47/AKM和5.45毫米AK74两种枪械系列，为世界轻武器的发展作出了不可磨灭的贡献，被轻武器界尊称为“世界枪王”。他所设计的AK系列枪族因威力大、易操作和维护方便而风靡全球，而这种枪械系统影响了多个国家的枪械设计风格。

苏联枪械设计师卡拉什尼科夫的雕塑

“自动武器之父”马克沁
和他设计的马克沁机枪

“自动武器之父”指的是谁？

在所有枪械中，机枪是发明最早的自动武器，即可以自动装填子弹、自动连续射击的武器。而美国人马克沁则是完成枪从非自动到自动这一轻武器史上伟大创举的第一人，因而被人们称为“自动武器之父”。那挺以他的名字命名的机枪便是世界上第一例自动连发武器。

勃朗宁一生中设计过哪些枪械？

美国著名的轻武器设计师勃朗宁一生中设计研制成功的手枪、步枪、轻重机枪和大口径机枪等武器多达37种。其中为后世传诵的经典武器产品包括M1911式11.43毫米手枪、M1918式7.62毫米自动步枪、M2式12.7毫米重机枪和9毫米口径的大威力手枪。

美国轻武器设计师勃朗宁
以及他的代表作M1911

步枪

哪种枪的资格最老？

枪械有很多种，且有不同的分类标准。按作战用途划分，枪械可以分为步枪、手枪、机枪、冲锋枪、特种枪支等。其中步枪的资格最老。步枪起源于13世纪的管形火器，经过火绳枪、燧发枪、前装枪、后装枪、线膛枪等几个阶段，以后又由非自动改进发展成半自动和全自动。近20年来，步枪中出现了一些性能和作用独特的步枪，如无壳弹步枪、液体发射药步枪、箭弹步枪等。

为什么步枪口径越来越小？

从老式燧发枪的12毫米口径，到AK–47的7.62毫米口径，到M16的5.56毫米口径，再到AK–74的5.45毫米口径，步枪口径越来越小了。这是因为步枪的作战距离无需超过400米，用高射速、小口径的轻弹头代替大威力的7.62毫米弹头，可提高杀伤效果，且更经济。近年来，英、美、德等国正在研发5毫米以下口径的步枪。

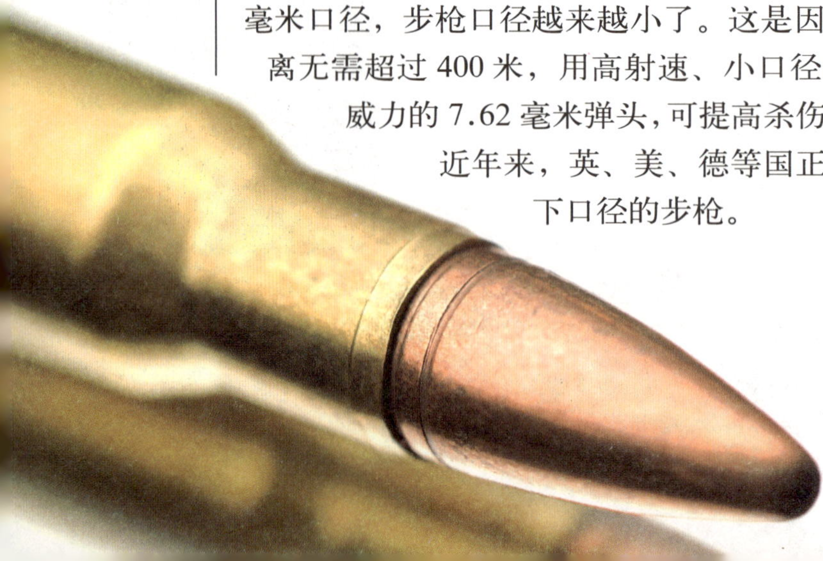

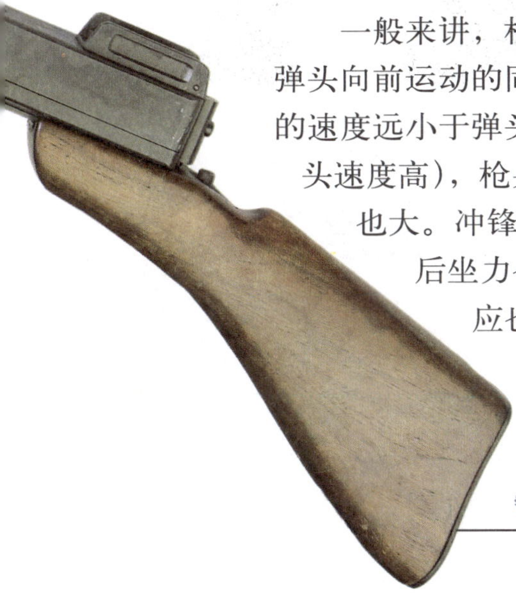

为什么步枪的后坐力要比冲锋枪的大？

一般来讲，根据动量守恒原理，火药燃气在推动弹头向前运动的同时，也推动枪身后坐，但枪身后坐的速度远小于弹头向前的速度。如果枪口能量高（弹头速度高），枪身后坐的速度也大，相应的后坐能量也大。冲锋枪一般用的是手枪子弹，装药量少，后坐力也小。步枪子弹装药量多，后坐力相应也就大了。

现代步枪上还装刺刀吗？

刺刀又名枪刺，是一种装在枪口上、短而锋利的冷兵器。1640年，法国的乌拉谢·戴·皮塞居首创了刺刀。现代所有的自动步枪，包括我国的95式、奥地利AUG、英国L85A1等无托式步枪，仍然装备着刺刀，但装的不是旧式步枪上那种专用于拼刺的剑形或三棱形刺刀，而是可以拆卸的，拥有匕首、锯、锉刀、钢丝钳等多种功能的多用途刺刀。拼刺刀的功能在现代步枪上已经大大弱化了，除非在特殊状况下，各国士兵一般都不把刺刀装在枪上，而是插在鞘中挂在腰带上，主要作为匕首使用。

毛瑟兄弟中的弟弟保罗·毛瑟

世界上最早使用金属弹壳枪弹的步枪是谁发明的？

1871 年，普鲁士的毛瑟兄弟成功研制了世界上第一支发射金属外壳子弹的步枪，即 M1871 式毛瑟单发步枪，并用它来装备军队。这是一种采用金属弹壳枪弹的机柄式步枪，可靠性好，操作简单方便，很快在战场上赢得将士们的喜爱。

一战时期的步枪为什么会遭淘汰？

第一次世界大战的特点是静态消耗战，作战双方以阵地战为主要的作战方式，作战距离远，需要射程远的武器，因此当时步枪的有效射程都超过了 600 米；与此同时，在 50 米内的阵地争夺战中，又导致近距离速射武器——冲锋枪大量装备。一战结束后，苏联国内战争、西班牙内战爆发，出现了一战中没有出现的情况：双方步兵的作战距离大大缩短，70% 以上的战斗都集中在 400 米的距离之内。在这个距离内，一战时期使用的步枪并不能胜任，而冲锋枪的有效射程又不超过 150 米，也不适用，由此引发新一代步枪的研发热潮。

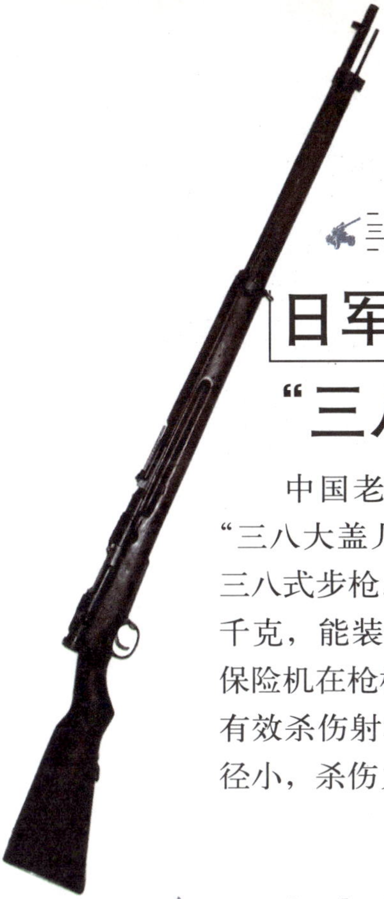

三八式步枪

日军在二战中使用的“三八大盖儿”是什么样的？

中国老百姓把日军在二战中使用的制式步枪叫做“三八大盖儿”，它于1905年由日本研制，正式名称是三八式步枪。该枪长1275毫米，口径6.5毫米，重3.9千克，能装5发子弹。它的优点是，枪机上有防尘盖，保险机在枪机的后尾，使用简便；枪管长，射击精度高，有效杀伤射程800～900米，穿透力强。它的缺点是口径小，杀伤力不大。

哪种步枪能在几秒钟内改装成冲锋枪或轻机枪？

由奥地利军方研制的AUG步枪，是目前世界上唯一的一种能在几秒钟内由步枪改装成冲锋枪或轻机枪的步兵武器，成功地实现了冲锋枪、步枪和轻机枪三枪合一、一枪多能的功用。AUG步枪口径为5.56毫米，采用传统的导气式自动方式，无枪托但采用积木式结构，作为冲锋枪、突击步枪、轻机枪使用时全枪长分别为690毫米、790毫米和900毫米，结构紧凑，质量小。

AUG步枪

为什么突击步枪适合于快速进攻？

突击步枪是德国军方在二战时期发明的。德国人根据战术需要，提出降低步枪弹的威力，缩短射程，让步枪和冲锋枪合二为一，设计出兼具两者特点的突击步枪。突击步枪的特点是射速较高、射击稳定、枪身短小轻便、后坐力适中，具有冲锋枪的猛烈火力和接近普通步枪的射击精度，能在近距离以突然火力消灭敌人。因此，突击步枪非常适合于快速进攻。

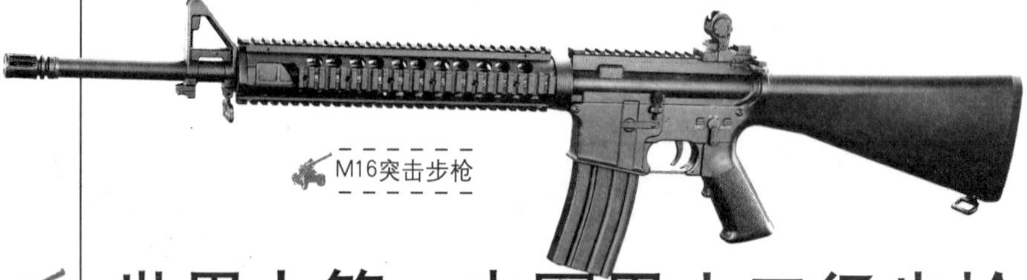

M16突击步枪

世界上第一支军用小口径步枪是由哪国设计制造的？

口径 5.56 毫米的 M16 突击步枪是世界上第一支军用小口径步枪，它开创了高初速小口径步枪的历史。它是由美国军方设计制造的，于 20 世纪 60 年代问世。M16 的出现对 20 世纪后期世界上掀起的小口径浪潮起到了示范和带动的作用。M16 步枪发射的弹药较小，枪身轻而短，非常适应于丛林地带和狭窄地方的穿插作战。

AK-47 突击步枪为什么广受士兵欢迎？

AK-47 突击步枪具有火力猛，结构简单，坚实耐用，故障率低，在风沙、泥水等恶劣环境下也能正常射击的特点，因此广受各国士兵欢迎。最典型的一个例子就是，在 20 世纪 60 年代的越南战争中，有许多美国士兵扔掉自身装备的 M16 突击步枪，而改用缴获的 AK-47 突击步枪来对付敌人。究其原因，主要是因为 M16 在风沙、沼泽及泥泞等恶劣环境中，枪膛污染严重，容易卡壳，故障率高。相比之下，AK-47 突击步枪的优点尽显。

AK 系列突击步枪都经历了哪些发展变化？

AK 系列突击步枪是苏联枪械设计师卡拉什尼科夫的杰作。1946 年，卡拉什尼科夫开始设计突击步枪，第二年推出 AK-47 式。后来，他又研制了带有夜视瞄准具的 AKH 型和带金属折叠枪托的 AKC 型。1953 ～ 1954 年，在 AK-47 式的基础上改进的 AKM 型出现，并衍生出许多新的型号，如 AKMC 型、AKMCH 型、AKMY 型。进入 20 世纪 70 年代，又对 AK-47 进行了改进，将口径缩小为 5.45 毫米，型号定为 AK-74。如今，在 AK-74 的基础上又出现了许多枪，例如 AKH-74、AKC-74、AKC-74H、AKC-74Y、AK-74M 以及 AKS-74 型等。

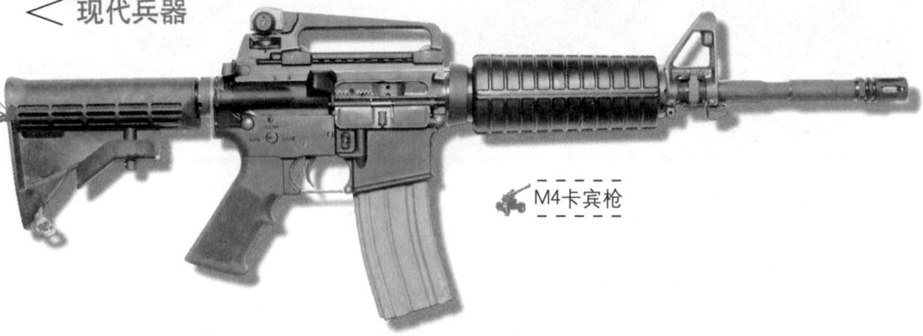

M4卡宾枪

为什么卡宾枪适合近战用？

卡宾枪最早是因骑兵的需要而诞生的，所以又叫骑枪或马枪，实际为一种短突击步枪。它是以突击步枪缩短枪管和导气管的原理制造而成的，绝大部分零件特别是重要部件与同类步枪相同。它使用步枪子弹，能很好地满足威力和有效射程的要求，近战效能要好于突击步枪，因而成为一种威力强大的近战武器，在全世界得到广泛的使用，特别是在发达国家。在伊拉克战争和巴以冲突中，美国和以色列就大量装备了此类武器，在近战、巷战、入户搜查等军事活动中使用。

卡宾枪与冲锋枪相比有哪些异同？

卡宾枪与冲锋枪都具有短而轻、机动性好的特点。两者的主要区别在于，冲锋枪火力密集，但由于发射手枪弹，威力较小，射程较近；卡宾枪属于步枪类，使用步枪弹，其威力和射程都要优于冲锋枪。

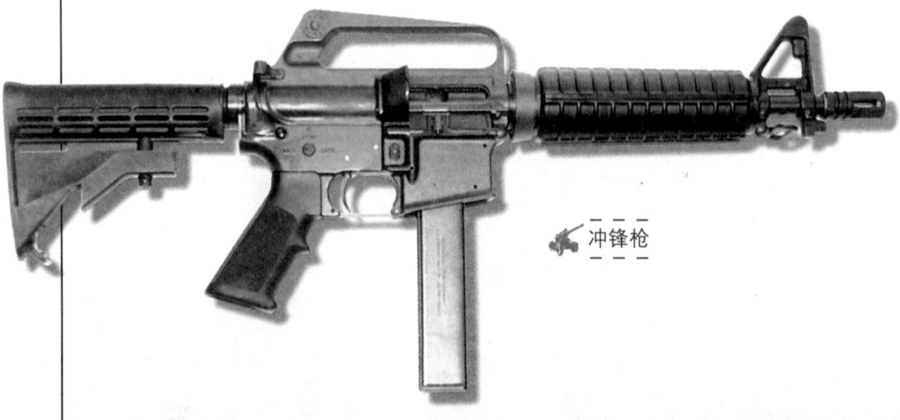

冲锋枪

狙击步枪为什么能够“一枪夺命”？

狙击步枪是一种特制的高精度步枪，最初并非专门制造，而是在普通步枪中挑选精度相对较高的作为狙击使用。它的结构与普通步枪基本一致，区别在于：它多装有精确瞄准用的瞄准镜；枪管经过特别加工，精度非常高；射击时多采用半自动方式或手动单发。普通步枪的射程一般在 400 米以内，而狙击步枪的射程一般在 800 米以上，且射击精度特别高，再凭借狙击手过硬的射击技术，能够轻松实现“一枪夺命”。

特种作战部队为什么多配备大口径狙击步枪？

大口径狙击步枪的正规学名叫反器材枪，就是口径在 12.7 ～ 20 毫米之间，一般带有瞄准镜和支架的步枪，主要用于摧毁 1 ～ 2 千米远距离上的轻型防护目标。对于深入敌后的特种作战部队来说，由于受到个人装备携带重量和再补给的限制，不宜使用重机枪之类的重自动武器或火箭筒之类的肩射式武器，而且它们在射程和精确度上也无法满足作战要求。而大口径狙击步枪正好弥补了这些缺点，因此成为特种作战部队的主装备之一。

狙击步枪

手枪家族有哪些成员？

手枪是能单手握持发射的小型枪械，多用于近战和自卫，一般有效杀伤距离约50米。手枪家族的成员很多，大致可如下分类：按使用对象分，手枪包括军用手枪、警用手枪、特种手枪及运动比赛用手枪等；按作战用途分，手枪包括自卫手枪、冲锋手枪和信号手枪等；按结构方式分，手枪包括自动手枪、转轮手枪和气手枪等。

比赛用的发令枪多是气手枪。

警用手枪

自动手枪是什么时候问世的？

世界上第一支自动手枪（即自动装填手枪）于1892年由奥地利人约瑟夫·劳曼研制成功。由于他在登记专利时总喜欢签上肖伯格兄弟公司的名字，所以，人们将他发明的手枪称为肖伯格手枪。1893年，美籍德国人雨果·博查特发明了世界上第一种实用的自动手枪——7.65毫米C93式博查特手枪。不久，他的助手乔治·鲁格又对这种手枪进行了技术改进，并更名为P08式9毫米鲁格手枪。不过，在早期的军用自动手枪中，较为成功且名气较大的还是1895年问世的毛瑟手枪，它后来被人们公认为是世界上第一种真正的军用自动手枪。

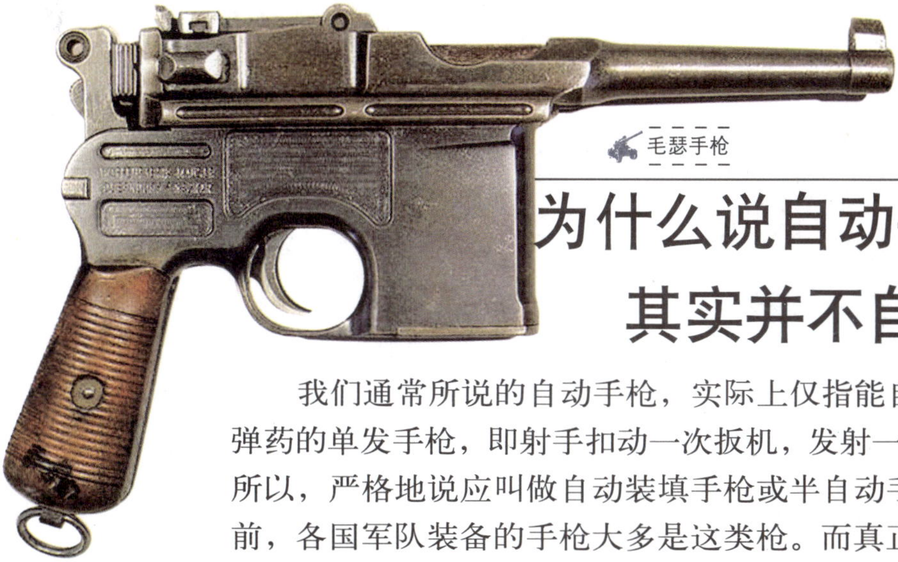

毛瑟手枪

为什么说自动手枪其实并不自动？

我们通常所说的自动手枪，实际上仅指能自动装填弹药的单发手枪，即射手扣动一次扳机，发射一发枪弹，所以，严格地说应叫做自动装填手枪或半自动手枪。目前，各国军队装备的手枪大多是这类枪。而真正的自动手枪是既能自动装填，又能连发射击的全自动手枪，但由于它的射击精度差，命中率低，仅在20世纪20～40年代在少数国家得到使用，至今仍不多见。

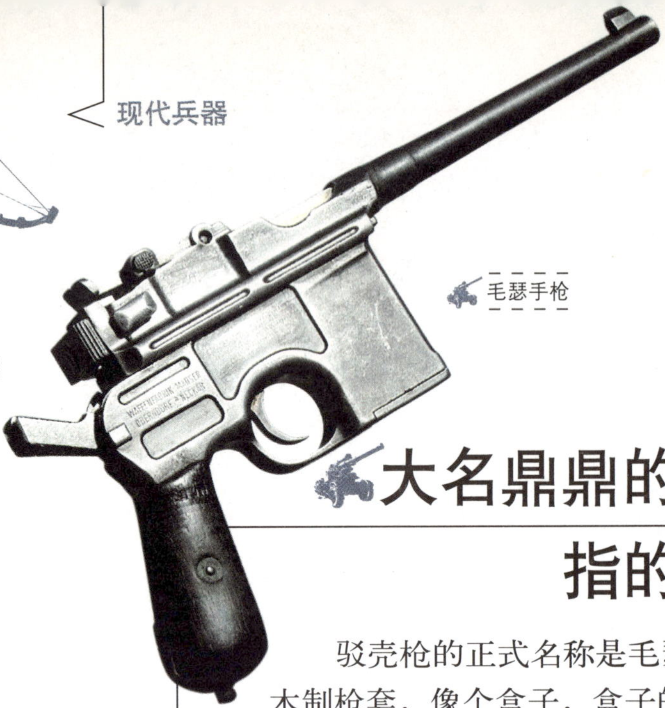

毛瑟手枪

大名鼎鼎的驳壳枪指的是哪种枪?

驳壳枪的正式名称是毛瑟手枪。驳壳枪有个木制枪套，像个盒子，盒子的英文叫box，被中国人一念就成了“驳壳”，或者意译为“盒子枪”。中国人称它为“盒子炮”，则是对它威猛火力的夸张性表达。此外，中国人还给驳壳枪起了许多别名，如“自来得”、“匣子枪”、“二十响”、“快慢机”、“德国大镜面”等。

为什么驳壳枪在中国非常受欢迎?

驳壳枪在问世以后的最初时期，在西方国家并不受青睐，几乎没有一个国家的军队将其作为制式武器。20世纪上半叶，中国正处在水深火热之中，各派军阀相互征战，急需武器进行作战，而当时西方列强对中国实行武器禁运，火炮、机枪、冲锋枪等大威力武器都进不来，而被认为属于自卫武器的手枪不在此列，因此驳壳枪成为各派军阀的首选。后来在抗日战争和解放战争中，人民军队也大量装备了驳壳枪。

朱德在南昌起义时用的手枪就是驳壳枪。

哪种手枪享有“军用手枪之王”的美誉？

柯尔特 M1911A1 式手枪在多次世界手枪评选中名列前茅，被誉为“军用手枪之王”。它的原型枪由美国枪械大师勃朗宁于 20 世纪初设计，在美军 1911 年组织的手枪选型试验中，凭借其出色的性能一举夺魁，从而成为装备美军的第一种自动手枪。第一次世界大战后，柯尔特专利武器制造公司对该枪做了多项改进。改进型于 1926 年命名为柯尔特 M1911A1 式，其自动机构与 M1911 完全相同。该枪作为美国军队的制式手枪，一直服役到 20 世纪 80 年代中期。M1911 及其改进型是世界上被仿制数量最多的手枪，由其演变而来的变型枪多达上百种，这在枪械发展史上是绝无仅有的。

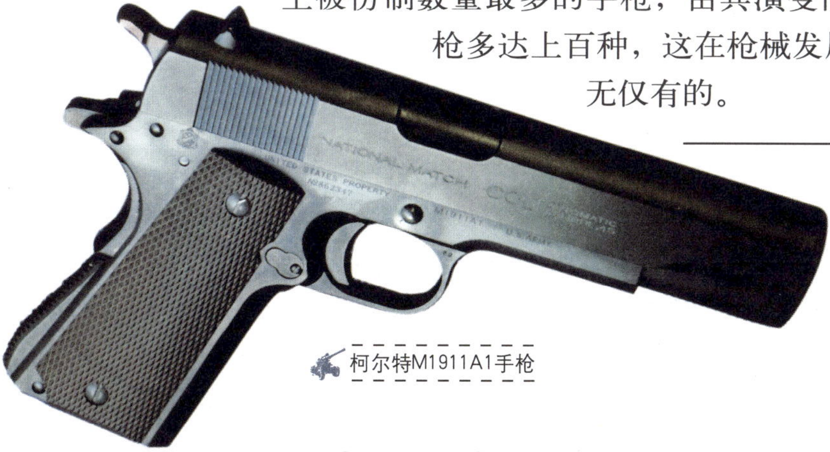

柯尔特M1911A1手枪

转轮手枪为什么又叫左轮手枪？

转轮手枪有一个带 6 ～ 8 个弹巢的转轮，弹巢可用来装填子弹。固定转轮的圆形底座会将子弹卡在弹巢中，使其不会向后滑出。射击后，弹头发出，弹壳仍留在孔中。打开转轮，底座松开，弹壳会从孔中向后滑出，等待重新填装弹药。因为转轮手枪装弹时，转轮都是从左侧摆出的，所以转轮手枪又叫左轮手枪。

警用手枪为什么多选用转轮手枪？

转轮手枪具有一些缺点：容弹量少；枪管与转轮之间有间隙，会漏气和冒烟；重新装填时间长；威力较小。然而，它却有一个特殊优点，那就是可靠，特别对瞎火弹的处理既可靠又简捷。对警察来说，手枪是面对面使用的近距离武器，一定要可靠。转轮手枪一旦瞎火，只需再扣一次扳机，那发“死弹”便会转到一边，可立即补上一枪。而自动手枪遇到这种情况，要退弹补枪是来不及的。因此，一些国家的警用手枪大都选用转轮手枪。

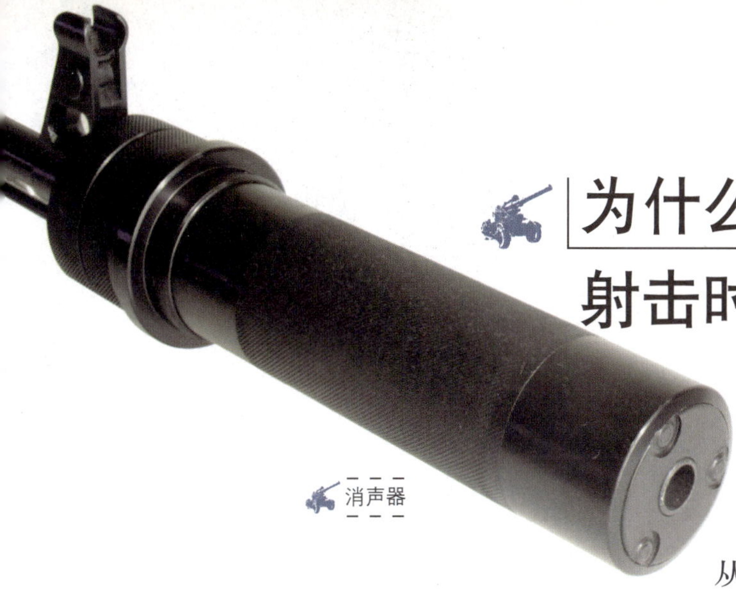

消声器

为什么微声手枪射击时几乎无声？

这是因为微声手枪采用了一系列的消声措施：首先，枪弹采用速燃火药，从而大大降低了膛口压力，减小了排气时的噪声；第二，枪口装有消声器，可进一步降低喷出枪口的火药气体的压力，减小对大气的冲击，从而达到消声的目的；第三，使弹丸的飞行速度小于音速，以消除呼啸声；第四，采用以非自动射击为主的射击方式，以减少撞击声。

隐形手枪为什么又叫“间谍手枪”？

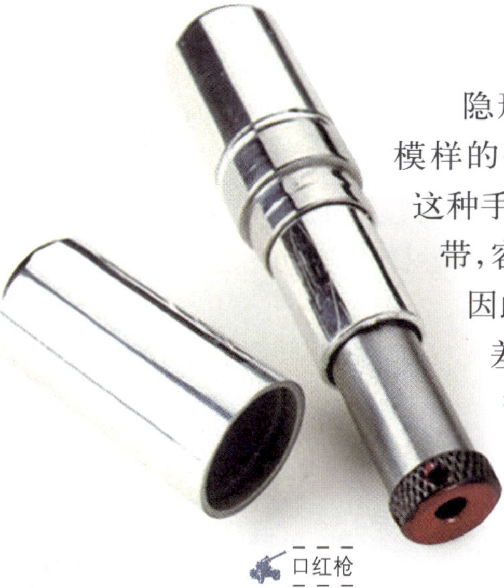

口红枪

隐形手枪是把外形设计制造成日常用品模样的手枪，具有口径小、射程近的特点。这种手枪结构设计巧妙，制作精巧，便于携带，容易混过侦检，是间谍人员常用的武器，因此又叫“间谍手枪”。它的制作原理千差万别，外观与日用品一样，有钢笔、提包、钥匙、打火机、手杖等众多外形。为防止使用时暴露自己，有的还装有消声器。有的还可发射剧毒弹头、毒液、高压电流等非常规枪弹。

冲锋枪是什么时候诞生的?

冲锋枪是单兵使用、双手握持的连发枪械，最早出现于第一次世界大战期间。一战期间，步兵主要使用单发非自动步枪，其次是轻重机枪。然而，步枪战斗射速太低，一般为每分钟 5 ～ 6 发，达不到快速歼敌的目的，而轻重机枪又较重，且装备数量有限。加上一战期间以堑壕战和阵地战为主，双方都是在铁丝网后面构筑堑壕和工事。为了争夺阵地，士兵们需要一种小型便携式自动武器，于是，冲锋枪在这种需求声中诞生了。1915 年，意大利人艾比尔 · 贝特尔 · 列维里设计了一种发射 9 毫米手枪弹的双管连发枪，即后来被称为帕洛沙 M1915 式冲锋枪，从而奠定了现代冲锋枪的基础。世界上第一支真正意义上的冲锋枪是德国军方于 1918 年研制出来并配发给前线部队的，它被命名为 MP18 式冲锋枪，其改进后的型号变为 MP181。该冲锋枪在后来的战争中发挥了很大的威力。

为什么冲锋枪的火力那么强？

冲锋枪是进行冲击和反冲击的突击武器，火力强于手枪、步枪，弱于机枪，比步枪和机枪短小轻便，适用于近战和冲锋，在 200 米内有良好的杀伤力。大多数冲锋枪采用 30 ～ 40 发容弹量的直弹匣或弧形弹匣供弹，少数采用 50、100 发螺旋式弹匣或 70、100 发弹鼓供弹。战斗射速单发时约为 40 发 / 分钟，连发时约为 100 ～ 120 发 / 分钟，因此能形成密集的火力网。

为什么说常规冲锋枪将会被淘汰？

由于冲锋枪枪弹威力较小，有效射程较近，射击精度较差，加之步、冲合一的突击步枪的问世，因此自第二次世界大战后，其战术地位逐步下降。从国际轻武器发展势头来看，除了微型、轻型、微声冲锋枪仍有生命力以外，常规冲锋枪将被小口径突击步枪所取代。

MP5 系列冲锋枪为什么被视为反恐精英的象征？

MP5 系列冲锋枪的性能优越，中近距离射击精度相当高，结构紧凑，具有很多种不同的口径，根据不同的需要可以搭载激光瞄准器、消声器，个别型号还可以搭载枪榴弹，能最大限度符合适用条件。MP5 自问世以来，一直是各国特种部队，特别是反恐怖作战部队的标准配枪。在 20 世纪末几次重大的反恐怖活动中，MP5 都曾登场亮相，甚至在很多时候起到了至关重要的作用。因此，MP5 获得了很高的评价，成为人们眼中“反恐精英”的象征。

为什么说乌齐冲锋枪是最可靠的冲锋枪？

乌齐冲锋枪是当今世界最负盛名的冲锋枪之一，口径为 9 毫米，采用了包络式枪机，主要优点是结构紧凑、射击精度高和安全可靠。该枪于 1949 年由一位叫乌齐 · 盖尔的以色列军官设计而成，50 年代初定型，主要是针对中东的沙漠环境定制的，能确保在恶劣条件下正常使用。自诞生以来，乌齐冲锋枪经过中东战争的多次考验，以优异的战斗性能而享誉全球，被视为是最可靠的冲锋枪之一，在世界众多国家的军队中都有装备。

单兵自卫武器与冲锋枪有什么关系？

单兵自卫武器是近年来出现的一种新概念武器。它是部队中越来越多的非一线作战人员，如驾驶员、无线电员、飞行员、操作人员、后勤人员等使用的武器，这些人员很少有时间和精力来操练枪支与提高个人的射击技术。为此，有些国家研制出结构特点和作战效果接近冲锋枪，但威力又比冲锋枪大的单兵自卫武器。因此，单兵自卫武器也可以说是最新一代的冲锋枪。

P90

世界上第一支单兵自卫武器诞生于什么时候？

由比利时FN公司研制生产的P90，是世界上第一支单兵自卫武器，它诞生于20世纪90年代中期。P90的结构相当简单，只由枪管、机匣、枪机和弹匣四个部件组成，零件不多，很容易拆解、维修和保养。全枪重2.8千克（空重），全枪长500毫米（枪管长230毫米），有效射程150米。目前，冲锋枪多数使用手枪弹，而P90发射5.7×28毫米的高性能枪弹，初速度高达850米/秒，威力巨大，穿透力极强。

机枪为什么被叫成“步兵火力的支柱”？

机枪是以枪架（座）或两脚架为主要依托、连发射击为主的枪械，主要用于较远距离歼灭或压制有生目标、火力点以及毁伤地面或低空薄壁装甲目标，为步兵提供火力支援。机枪在作战中的重要性是从第一次世界大战初期显现出来的，当时战场上几乎80%～90%的伤亡都是由机枪造成的。从此，机枪便有了“步兵火力的支柱”的称呼。那时，美国的马克沁、勃朗宁机枪，英国的维克斯、路易斯机枪，法国的哈奇开斯机枪等，都曾在战场上大显神威。

机枪家族有哪些成员？

同其他步兵武器一样，机枪也是根据战争的需要发展起来的，先是重机枪，而后出现了轻机枪及轻重两用机枪。目前，机枪已形成了包括轻机枪、重机枪、通用机枪、高射机枪、坦克机枪、航空机枪和大口径机枪等多品种的机枪系列。

为什么说加特林机枪开创了现代机枪的先河？

加特林机枪是世界上第一支成功的多管式机枪，它起源于15世纪、16世纪的多管式机枪以及后来的多管炮。1862年，美国著名机械师理查德·杰丹·加特林发明了这种手摇式多管重机枪。他把6至10根枪管并列安装在一个旋转的圆筒上，手柄每转动一圈，各枪管依次完成装弹、射击、退壳等动作。一个熟练的射手每分钟可发射约400发子弹。到19世纪80年代以后，由于可自动化操作的马克沁机枪问世，加特林机枪便被逐步挤出历史舞台，但它的这种管式结构原理至今仍被作战飞机和军舰上的多管速射炮所应用并保留着。

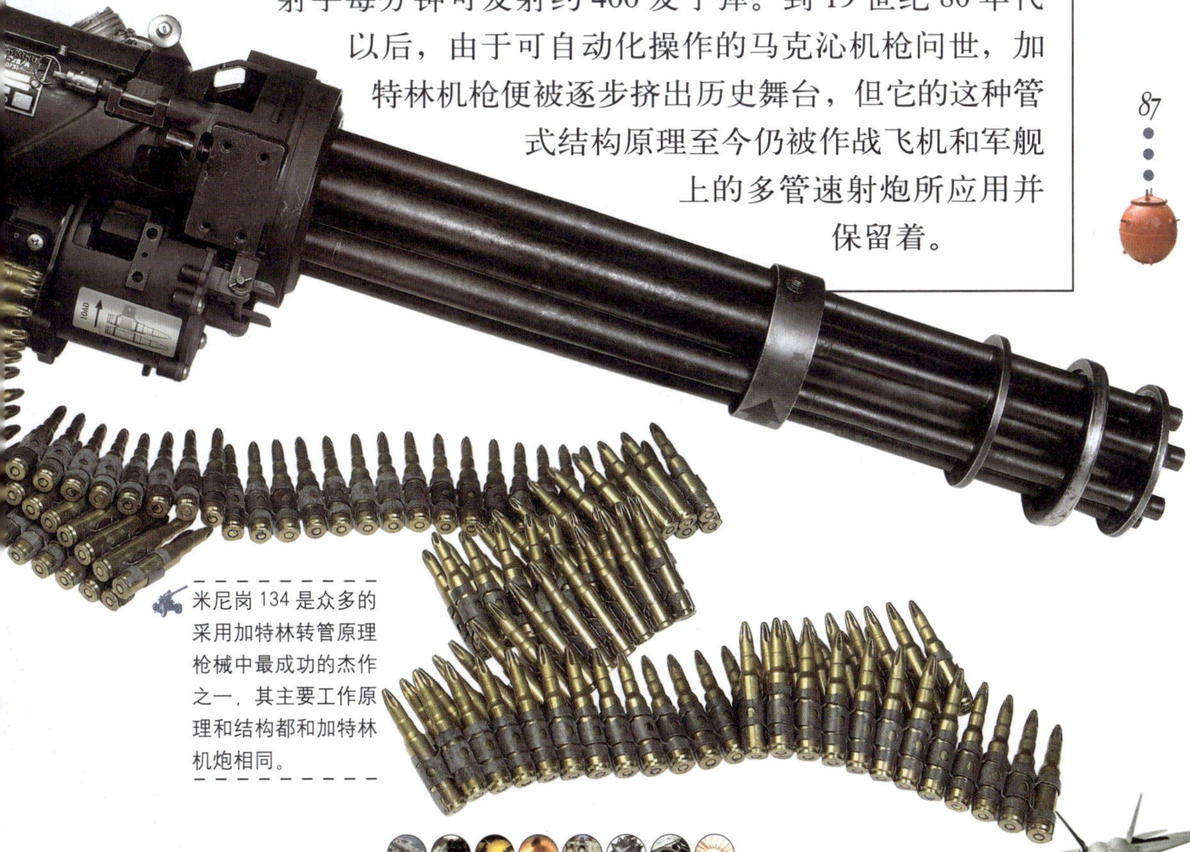

米尼岗134是众多的采用加特林转管原理枪械中最成功的杰作之一，其主要工作原理和结构都和加特林机炮相同。

为什么说马克沁重机枪是自动机枪的鼻祖？

英籍美国人 H.S. 马克沁从人们习以为常、熟视无睹的后坐现象中，为武器的自动连续射击找到了理想的动力。他先于 1883 年成功研制出了世界上第一支自动步枪，其工作原理是：利用射击时子弹喷发的火药气体使枪完成开锁、退壳、送弹、重新闭锁等一系列动作，实现了单管枪的自动连续射击，并减轻了枪的后坐力。后来，他根据从步枪上得来的经验，进一步完善了他的枪管短后坐自动射击原理，于 1884 年制造出世界上第一架能够自动连续射击的机枪，射速达每分钟 600 发以上。在设计制作自动机枪的时候，他改变了传统的供弹方式，制作了一条长达 6 米的帆布弹链，为机枪连续供弹，还为因连续高速射击而发热的枪管采用水冷方式降温。这架自动机枪被称为马克沁重机枪，它在枪炮发展史上开创了自动武器的新纪元。

为什么重机枪要有备用枪管？

重机枪装有稳固的枪架，射击精度较好，能长时间连续射击。重机枪枪弹在发射的瞬间，发射药在膛内的燃烧温度高达 2500 ～ 3500℃，如果弹头不是在极短的时间内飞出枪膛，枪管就要被熔化成钢水了。根据计算，每发射一发枪弹，火药气体和弹头嵌入膛线并与膛壁摩擦产生的热量，会使膛内温度升高 0.53℃。如果连续长时间发射，膛内温度可高达几百摄氏度，弹头在出膛不远就会落下来，使命中精度大大降低，甚至还会造成枪械故障。因此，重机枪一般连续发射 500 发枪弹后，就要及时更换备用枪管，以延长使用寿命，并保证射击精度。

重机枪是怎样被一步步淘汰的？

马克沁重机枪的枪管采用水冷式降温，致使枪很重，达 27.2 千克。1940 年起，苏联武器设计师郭留诺夫设计了新式重机枪，把原来的水冷式改为气冷式，重量减至 13.8 千克，这种新式重机枪在二战期间发挥了很大作用。由于现代战争对武器的机动性要求越来越高，重机枪因过重而携带不便，不适宜步兵配备。到 20 世纪 60 年代初期，使用 7.62 毫米子弹的重机枪就逐渐被通用机枪所替代了。

马克沁重机枪

轻机枪

轻机枪是由哪种枪发展而来的？

轻机枪是由19世纪末到20世纪初的重管自动步枪发展而来的。由于最早的机枪都很笨重，仅适用于阵地战和防御作战，在运动作战和进攻时使用不方便，各国军队迫切需要一种能够紧随步兵实施行进间火力支援的轻便机枪，所以一种以两脚架为依托抵肩射击的重量较轻的机枪便问世了。第一款成功的轻机枪是麦德森机枪，重量仅为9.98千克，于1902年由丹麦炮兵上尉W.O.H.麦德森设计制造。

通用机枪是如何实现“轻重”通用的？

通用机枪是机枪发展的一个新分支，使用统一的弹药，使机枪担负起轻、重机枪的双重任务，所以又称作轻重两用机枪。通用机枪的供弹方式较多，既可用弹链供弹，又能用弹鼓供弹，还能在左右侧双向供弹。它带有轻便的两脚架，将两脚架支起，就是一挺轻机枪，能杀伤、压制800米内的有生目标；若将两脚架折起，整个枪身就可安放在重机枪枪架上，并使用大容量的弹链箱供弹，这时就成为火力猛烈的重机枪，能杀伤、压制1000米内的有生目标。

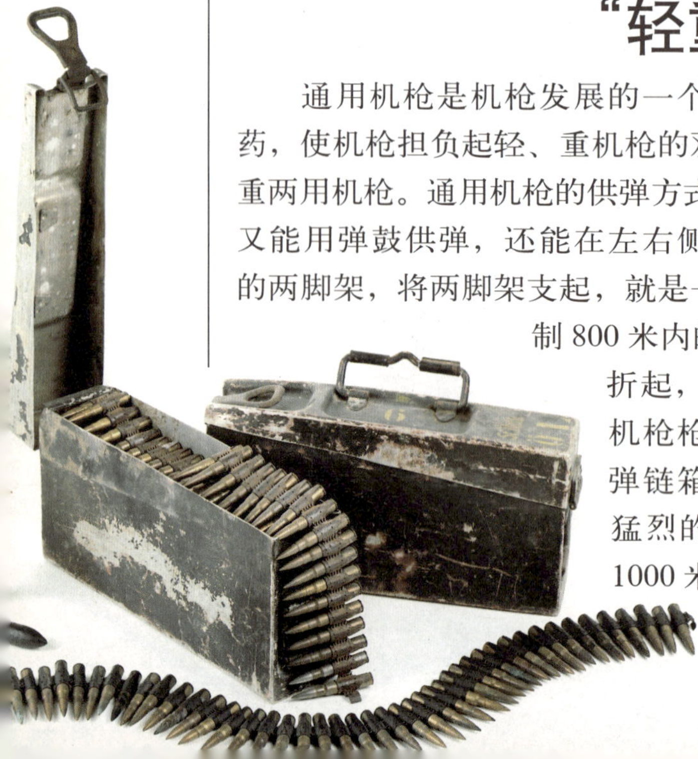

通用机枪与重机枪相比有哪些优缺点？

通用机枪虽然火力持续性很高，但是和重机枪相比还是有差距的。重机枪的枪管很厚，更换枪管的频率小于通用机枪。而且重机枪配用的是 12.7 毫米和 14.5 毫米的弹药，所以射程和威力要比通用机枪高。但相比重量，通用机枪（包括枪架）比重机枪轻一半左右。

世界上最早的通用机枪是什么时候出现的？

MG34 通用机枪于 1934 年研制定型，是世界上最早出现的通用机枪，由德国毛瑟公司设计，枪身全重 12 千克，口径 7.92 毫米，采用步枪弹，可用弹鼓也可用弹链供弹，有效射程 800 米（作为轻机枪时）和 1000 米（作为重机枪时）。MG34 通用机枪在第二次世界大战中发挥了非常好的效果，其优点很快为各国军方所认识。

大口径机枪适用于什么样的战争环境？

大口径机枪是指口径在12毫米以上的机枪，口径一般在12～20毫米之间，主要用于射击敌方轻型装甲目标、火力点、集团目标和低空的敌机等。因此，大口径机枪的装备范围广，在步兵、炮兵、坦克部队、防空部队、海军等均有装备。大口径机枪用于对地面目标射击时，其有效射程为800～1000米；用于对空目标射击时，其有效射程为1600～2000米。

什么是高射机枪？

高射机枪是主要用于对空中目标射击的大口径机枪，常见的有14.5毫米二联或四联高射机枪和12.7毫米高射机枪。高射机枪主要用于歼灭斜距离在2000米以内的敌人低空目标，还可用于摧毁、压制地（水）面的敌火力点、轻型装甲目标、舰船、封锁交通要道等。它的主要特点是体积小、重量轻、机动灵活、投入战斗速度快、射速快、火力猛、对低空目标射击效果好，是防空武器系列中不可取代的重要装备。

榴弹机枪是真正的枪吗？

凡是能连续发射榴弹的短身管武器就叫自动榴弹发射器。它是一种近程支援武器，其自动循环过程与自动枪械相似，外形与基本结构又酷似机枪，用弹链或弹鼓供弹，采用与机枪类似的瞄准具与枪架，因此人们又叫它榴弹机枪。实际上，榴弹机枪并不是枪，因为它所用的弹药不再是枪弹，而是个头要大许多的榴弹。

喷火器是怎样工作的？

喷火器指喷射燃烧液柱的近距离火攻武器，亦称火焰喷射器。第一支现代喷火器是由德国人理查德·菲德勒于1900年发明的。现代喷火器主要由油瓶、压缩装置、输油管、点火装置和喷火枪组成。当射手压下燃料筒上的节流阀手柄时，压缩空气将液体燃烧剂经输油管从发射管口喷出。发射管口有一个点火装置，液体燃烧剂被它点燃后，形成一束蘑菇状的火柱喷向目标。

火箭筒

适于攻击什么样的目标？

火箭筒是一种发射火箭弹的便携式反坦克武器，通常由发射筒和火箭弹两大部分组成，其中发射筒为两端开启的粗口径钢制管，发射时靠火箭弹自身携带的推进剂推动火箭弹运动。由于火箭弹的破坏力非常大，因此火箭筒主要用于近距离打击坦克、装甲车辆和摧毁军事工事等目标。

为什么火箭弹令坦克畏惧三分？

火箭筒发射的火箭弹主要是用来打击坦克的。火箭弹具有极强的穿甲能力。火箭弹炸药呈锥孔形，中间有聚能凹槽，表面有一层金属罩。当火箭弹击中目标时，炸药被弹头前端引信引爆，刹那间在接触处形成十几万个大气压的高压，并迅速形成几千摄氏度的高温、高压集束气流。这种高能定向射流的速度可达每秒几千米，它的猛烈冲击会把目标的局部受热点顷刻熔化掉。这样，就算坦克有铮铮铁骨，也难以抵抗火箭弹的袭击。

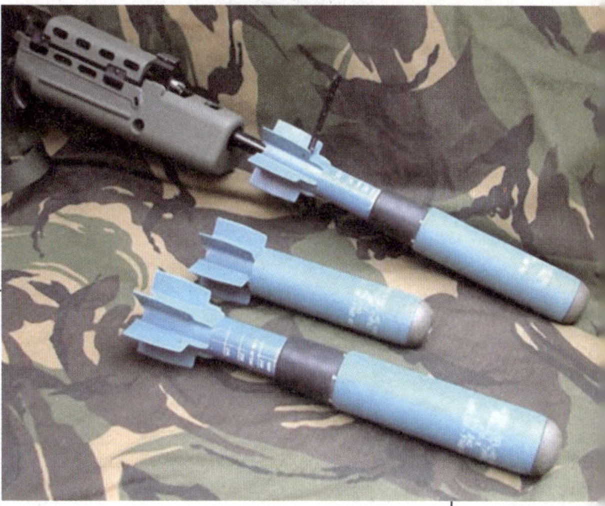

枪榴弹有多大威力？

枪榴弹就是挂配在枪管前方用枪和枪弹发射的一种超口径弹药，它能在100～150米距离上击穿轻型与中型坦克的装甲。枪榴弹能有这样大的威力，是因为它的弹头实际是一个聚能装药破甲弹。它的外形像火箭弹，由弹头、引信、火箭发动机和尾翼几部分组成。它的弹头粗大，装的炸药多，又采用了漏斗状的空心装药，所以在碰击坦克装甲时，能以高温、高速金属射流穿透很厚的装甲。

穿甲弹、碎甲弹和破甲弹在原理上有什么区别？

从原理上讲，穿甲弹是将发射药的能量转化为弹丸的动能，利用弹丸着靶时的动能穿甲，一般需配用在具有高初速的火炮上；破甲弹是通过聚能装药结构，将炸药的化学能转化为金属射流的动能，来穿透装甲的；碎甲弹则是通过塑性炸药在装甲表面爆炸，产生冲击波，向装甲板内部传播，使装甲内层崩落产生碎片，来杀伤装甲内人员和毁伤设备的。

一枚弹药正飞向坦克。

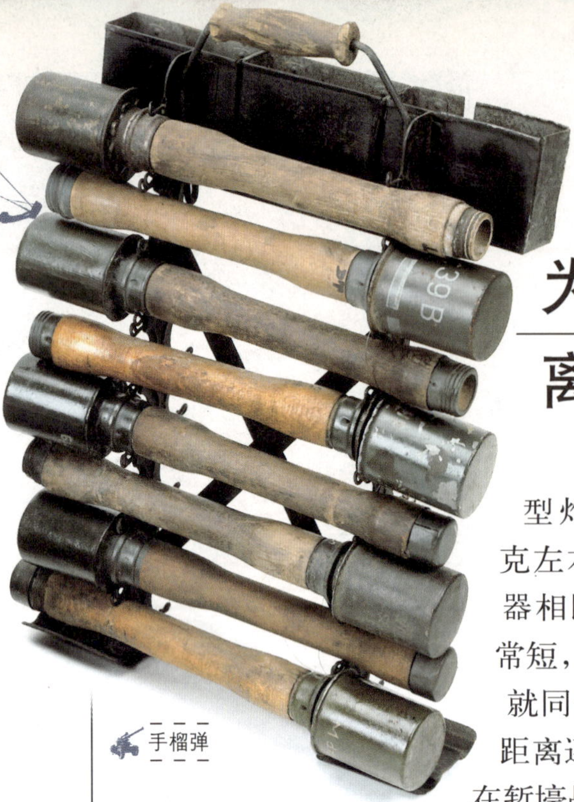

手榴弹

为什么近战离不开手榴弹？

手榴弹是一种手投的小型炸弹，一般重0.5～1千克左右，携带方便。与其他武器相比，手榴弹的作战距离非常短，大约在50米以内。而且，就同一枚手榴弹而言，其作用距离还取决于个人的投掷能力。在堑壕战、游击战、城市巷战中，手榴弹是有最有力的武器，能杀伤30～40米内的小群有生目标，因此近战离不开手榴弹。

手雷与手榴弹有什么异同之处？

不带手柄的手榴弹，又称手雷。因此，手雷与手榴弹其实是“一母同胞”。不过，它俩也有较明显的区别。手雷多是圆形的，且体积小，易于携带；爆炸时破片散布均匀，因此杀伤范围大。手榴弹由于带柄，所以投掷距离远；由于装药多，所以威力大；最大的优点是在山地进攻时，向上投掷后落到斜面上时不会滚下来，适用于攻顶作战。

手雷

地雷爆炸时为什么要趴下，而不是跳起来？

地雷或者炸弹爆炸时，弹片都是以炸弹为中心呈 V 字形向外飞散的，那么地面和这个 V 字形之间的空间才是相对安全的空间，趴下正好处在这个安全空间里，跳起来反而会更容易中弹。

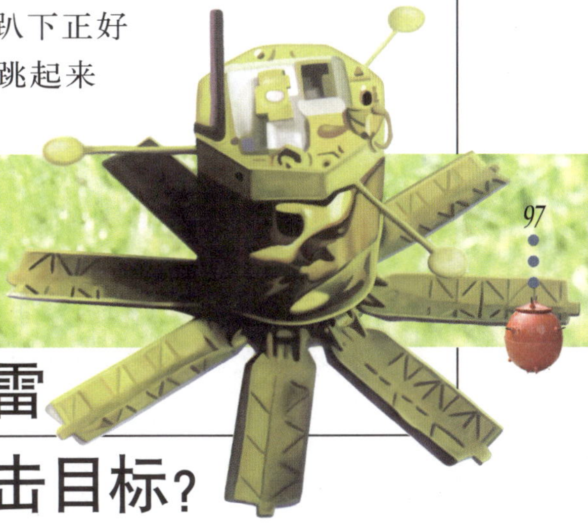

智能地雷

为什么智能地雷能自动捕捉攻击目标？

智能地雷也叫“有腿地雷”、“自寻的地雷”，里面装有能自动接收目标电磁场、振动信号和红外辐射的探测器。探测器在接收到目标的信号之后，能够与地雷内的微型计算机贮存的目标信号进行对照，识别目标。一旦确认是预定攻击的目标，地雷便会继续跟踪并测出其行进路线。等目标进入了最佳攻击范围，地雷上的小型发动机就会点火，将雷弹射向空中，然后靠制导系统追踪、捕捉目标，引爆雷弹，将目标击毁。

火炮家族有哪些成员？

火炮是口径在 20 毫米以上、用火药的爆发力发射弹丸的重火器的通称。火炮发展至今，已是儿孙满堂，不仅家族支系众多，而且家族成员的外貌也差别甚大，出现了善于对付各种目标的专门火炮。按安装发射的平台不同，火炮可分为地面炮、舰炮和航炮；按运动方式可分为固定火炮、机械牵引炮和自行火炮；按作战用途又可分为地面压制火炮、海岸炮、高射炮、坦克炮、特种炮等；按口径大小可分为大口径炮（航炮在 100 毫米以上，地面炮在 152 毫米以上，舰炮在 130 毫米以上）、中口径炮（航炮在 61 ～ 100 毫米左右，地面炮在 76 ～ 152 毫米左右，舰炮在 76 ～ 130 毫米左右）、小口径炮（航炮在 20 ～ 60 毫米之间，地面炮在 20 ～ 75 毫米之间，舰炮在 20 ～ 57 毫米之间）；按炮膛结构可分为线膛炮和滑膛炮；按弹道特性可分为加农炮、榴弹炮和迫击炮；按装填方式可分为前装式火炮和后装式火炮。

现代火炮发射时是如何击发的？

普通火炮都是通过各种机械机构（大口径的是拉动发火索击发，中小口径的需要扳动击发柄）带动撞针撞击弹药底火来击发的。但是也有例外，像战列舰上的大口径火炮，靠电热击发，也就是通过电产热来击发装在绸布药包里面的装药。另外，很多坦克炮击发时是按动炮钮，那其实是靠电动机械机构击发的，而不是电热击发。

火炮为什么要安装炮口制退器？

炮口制退器就是安装在炮口上带孔的大于身管口径的短圆筒形附件，俗称“防火帽”。设置这种装置的目的在于，将弹药燃烧中产生的推动弹头的气体重新定向排放，以此来减小火炮的反冲作用。现代的地面压制火炮，其射程都在 15 千米以上，反作用力相当大。利用炮口制退器可以有效地吸收火炮后坐所产生的能量的 40% 左右。

装有炮口制退器的火炮

加农炮是如何得名的？

加农炮的名称是从英文“cannon”的发音译过来的，原意是“空心圆筒”。加农炮是一种炮管较长、弹道平直低伸、可直瞄射击、炮弹膛口速度高的火炮。它最早起源于14世纪，由一位德国僧侣发明。到16世纪时，欧洲人才把这种身管较长的炮称之为加农炮。18世纪，欧洲的加农炮炮管长度一般为口径的22～26倍。如今，加农炮炮管长度一般为其口径的40～70倍。

为什么加农炮比其他火炮打得远？

初速度是决定火炮射程的主要指标，在同等飞行条件下，初速度大的火炮射程自然较远。而炮弹的初速度取决于它所受到的火药气体压力，以及受力的作用时间。炮弹受到的火药气体压力越大，受力的作用时间越长，炮弹的初速度就越大。加农炮装药的数量要比同口径的其他火炮多，同时加农炮的炮身比一般火炮要长得多，这使得火药气体对炮弹的作用时间增长，对炮弹所做的功增大，令弹速增加。所以，加农炮比一般火炮打得远。

榴弹炮作战有什么特点？

榴弹炮是一种身管较短、发射仰角大、弹道较高且弯曲、不能直瞄射击而炮弹能飞越障碍物攻击目标的火炮。它的初速较小，射角较大，弹丸的落角也大，杀伤和爆破效果好。它采用多级变装药，能获得不同的初速，便于在较大纵深内实施火力机动。它适于对水平目标射击，主要用于歼灭、压制暴露的和隐蔽（遮蔽物后面）的有生力量以及技术兵器，破坏工程设施、桥梁、交通枢纽等。

为什么迫击炮能击中遮蔽物后的目标？

迫击炮是一种伴随步兵作战的曲射火炮。它的射角特别大，最大射角可达 85°，炮弹几乎是垂直飞出去的，炮弹弹道因而变得十分弯曲，这样就可以歼灭躲在遮蔽物后面的战斗人员，也可以从山的正面打到山的后面。另外，由于迫击炮弹的飞行弹道非常弯曲，当炮弹飞行抵达目标后，命中角很大，炮弹爆炸产生的碎片能均匀地向四周飞散，有效地提高了杀伤能力。

为什么高射炮能打飞机？

高射炮实际是一种用于攻击空中目标的加农炮，它在构造上具有炮身可转动、起落灵活、射界宽广和初速高、射速快的特点，因此从火力上就具备了打飞机的本领。它的炮管细长，使炮弹有很长的加速距离，初速可达到每秒1000～1300米。高射炮炮架活动范围宽广，能从四面八方和各种不同角度射击，高低射界一般都接近90°，有些甚至达到100°。炮管的方向射界则不受任何限制。

什么炮能“撒豆成兵”，在很短的时间内布下地雷阵？

一门多管火箭炮18秒钟就可发射几十枚火箭布雷弹，施放几百枚地雷布雷弹，具备“撒豆成兵”的本领。当火箭炮将火箭布雷弹发射出去后，弹内延期药点燃，推出机构把地雷从战斗部的弹筒内抛出。在气流的作用下，地雷上的降落伞开始张开，一簇簇带伞的地雷降落在一片广阔的布雷区内，从而构成了一个反坦克雷场，使敌人陷于进退维谷的困境。

为什么火箭炮不能完全取代传统的加农炮和榴弹炮？

火箭炮指发射火箭弹的火炮，亦称火箭弹发射装置，通常有多个炮筒，射速快，火力猛，突袭性好，但精度差，散布范围大，主要用于攻击大面积目标。火箭炮的特点决定了它不能攻击近距离目标，不能平射，很难精准命中目标，而且攻击力弱，只适宜对付轻防护目标。而火箭炮的这些缺点正好可以凭着加农炮和榴弹炮的优点来弥补，因此火箭炮是不可能取代传统的加农炮和榴弹炮的。

多管火箭炮为什么要按顺序发射？

多管火箭炮在发射火箭弹时，并不是所有的火箭弹同时发射，而是采用“先上后下”和“左右交替”的顺序进行的。这是因为每发火箭弹无法实现完全意义上的同时点火。而且如果同时发射，会对发射装置产生巨大的冲击力，影响射击的稳定性；如果同时发射，射出去的火箭弹也会因横向偏差而造成相互碰撞。

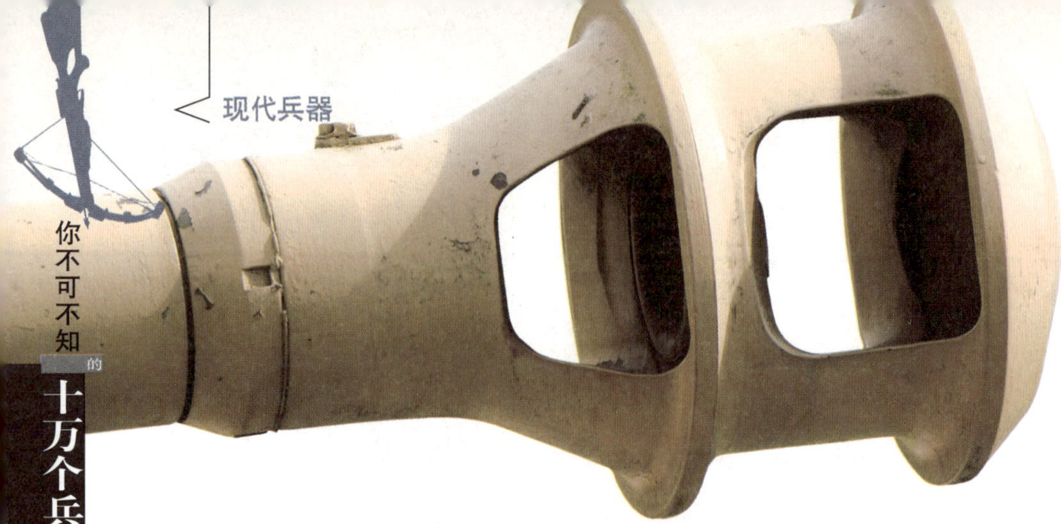

为什么坦克炮多采用滑膛炮？

与线膛枪和滑膛枪的分类标准一样，线膛炮与滑膛炮的区别也在于炮管内壁上是否有螺旋形的膛线。滑膛炮是无膛线的火炮。坦克炮的作战任务是配合坦克进攻，摧毁敌方的坦克、步兵战车等快速机动的装甲目标，因此坦克炮采用的是性能先进、尾翼稳定的脱壳穿甲弹。由于这种穿甲弹在飞行中可以借助尾翼保持稳定，即使不采用线膛炮来发射，也可取得良好效果，所以在 20 世纪 70 年代以后，大部分新式坦克都采用了滑膛炮。

无后坐力炮

为什么无后坐力炮不产生后坐力？

无后坐力炮不产生后坐力，是因为它具有与普通火炮不同的构造。这种炮在炮尾开有喇叭管口，射击时，向后扩散的火药气体不是直接作用在炮膛底部，而是一部分气体从炮尾喇叭管排出，它所产生的反作用力抵消了炮弹前冲产生的后坐力。这样，炮管就可以平稳固定在炮架上，不再向后移动。

自行火炮为什么像坦克？

自行火炮是结合在车辆底盘上，不需要外力牵引而能自由运动的一种炮。按所使用的底盘不同，自行火炮可分为轮式自行火炮和履带式自行火炮。履带式自行火炮大多采用现成的或者稍加修改的装甲车辆或坦克底盘制成，特点是便于制造，也利于维修。而轮式自行火炮结构简单，重量轻，容易制造，但机动性和跨越障碍能力有限，且防护性较差，因此应用较少。目前，自行火炮以履带式自行火炮居多。履带式自行火炮外形高大魁梧，极酷似坦克。

电磁炮有哪些神奇之处？

电磁炮是一种利用电磁发射技术制成的先进的动能杀伤武器，又称电磁发射器或超高速炮。与传统火炮将火药燃气压力作用于炮弹不同，电磁炮是利用电磁系统中电磁场的作用力来发射炮弹，其作用时间要长得多，可大大提高炮弹的速度和射程。电磁炮的结构比一般火炮简单，有两条十几米长的铜导轨，只有几克重、像五分硬币那么大的特制炮弹装在两条导轨之间。将两条导轨接上电源后，只要一按电钮，炮弹就会飞速射出，速度可达6000米／秒，威力惊人，可轻松击穿几十米厚的钢板。这令所有常规火炮相形见绌。

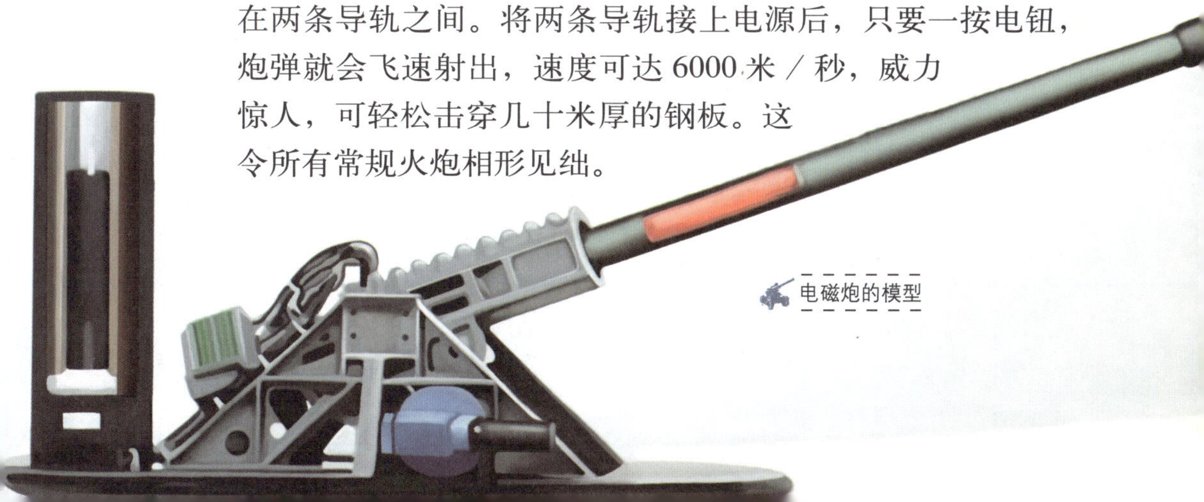

电磁炮的模型

德国第一辆坦克

坦克是怎样诞生的？

第一次世界大战中，交战双方陷入了持久的堑壕战。为了打破阵地战僵局，战争又一次迫使参战方开发新的进攻性武器。1915年，世界上第一辆坦克在英国福斯特工厂制造出来。该坦克利用从美国进口的一对加长了的“布劳克”履带式拖拉机，在其角钢架上铆上钢板而制成，取名为“小游民”。而英国海军则针对其可笑的外形，开玩笑地称其为“水柜”，英文为“tank”，音译过来就是“坦克”。

世界上第一辆坦克——“小游民”

坦克为什么享有“陆战之王”的美誉？

不管战争武器更新多快，坦克始终占据着武器领域的一席之地。坦克能以60千米／小时的速度行驶，其最远行程可达650余千米，行进最大坡度约30°，并且可以越过宽3米的沟，翻过高1.2米的墙，还可以涉水1.5米深，潜水5米。坦克在射杀力方面也是独胜一筹的，装备有火炮、高射机枪、并列机枪以及航向机枪，携带炮弹40～60枚。陆战中，坦克总能显示出王者的风范，从而成为当之无愧的“陆战之王”。

为什么坦克要装履带？

坦克装上履带，是为了增大受力面积以减少压强。履带与地面的接触面积比轮子与地面的接触面积要大得多，在行至泥泞或沼泽的地方时也不会陷下去。另外，履带板上有花纹，并能安装履刺，所以在雨、雪、冰或上坡等路面上行走时能牢牢地抓住地面，不会打滑。另外，履带与地面接触的面积大，可以跨过不太宽的壕沟。

坦克是怎样转弯的？

坦克是靠履带带动前进的，其转弯操作比较复杂。目前，坦克采用三种方法转弯：两个履带以不同的速度前进，坦克就会向速度慢的一边慢慢转向；一根履带动，另一根不动，那么坦克就会以不动的那根履带为中心，在原地转过来；第三种是坦克特有的，就是利用自身的传动系统，使一根履带向前转，另一根履带向后转，那么坦克就会以自己为圆心，可以在原地 360° 转一圈。

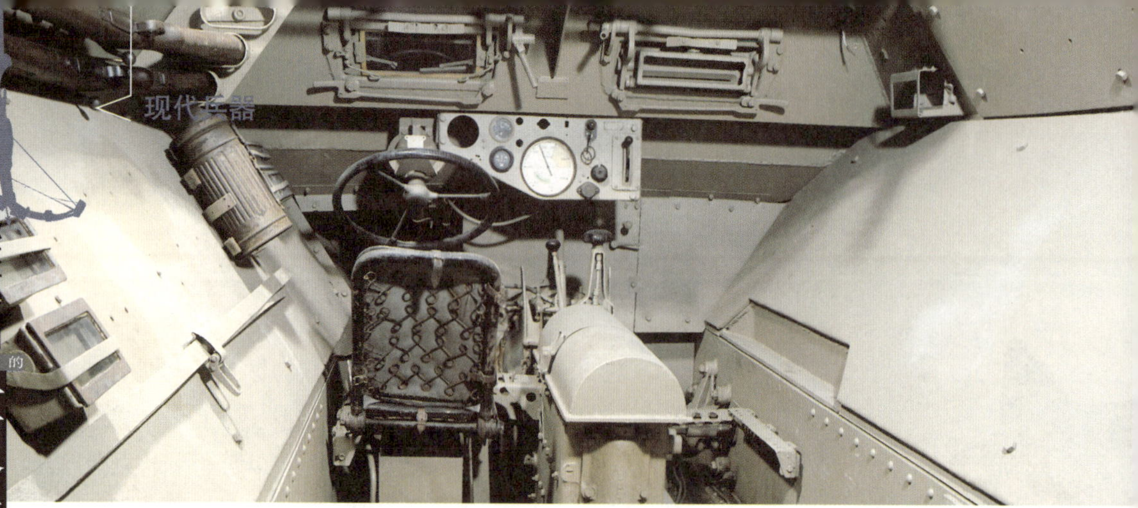

坦克驾驶室

坦克里的驾驶员是如何观察路面的？

坦克驾驶分为升座驾驶和降座驾驶两种：升座驾驶（行军）时比较好掌握方向及距离，和平时开汽车没什么差别；降座驾驶（打仗、实弹演习）时比较难，需要依靠驾驶室前方 2～3 块潜望镜来观察道路。如果潜望镜只有 2 块，则一块面向正中，一块朝左偏离 15° 左右。中间的潜望镜是可以换为夜视仪的，一般为微光的（看上去是绿色场景的那种）。比较新的坦克上都装有航向仪，主要在潜渡时使用，其实就是一个电子罗盘。

坦克各部位的装甲都一样厚吗？

坦克各个部位的装甲厚度是不一样的。坦克正面 60° 的弧形区是最容易中弹的部位，因此装甲要特别加强。而其他部分，为了控制坦克整体的重量，必须用较薄的装甲。如果坦克各部分都像前装甲一样厚，坦克将重得无法行动。一般坦克的装甲厚度是前装甲最厚，侧装甲次之，顶装甲和后部装甲更薄一些，底装甲最薄。

为什么要给坦克穿上特制的“时装”？

近年来，坦克的装甲技术日新月异，特别是复合装甲的出现，犹如给坦克穿上了特制的“时装”，使坦克的抗弹能力成倍增加。复合装甲又名夹层装甲或空心装甲，是由两层以上的金属或金属与非金属复合而成的。金属如钢、铝合金或钛合金作为最外层和最里层，中间夹层为非金属材料，包括用于提高抗击穿能力的高硬度低韧性材料（如陶瓷、玻璃纤维），用于提高抗冲击能力的低硬度高韧性材料（如塑料、树脂）。当穿甲弹、破甲弹或碎甲弹遇到复合装甲时，其威力会被这几层硬度不同的夹层大大削弱，对坦克的破坏力锐减。由于复合装甲成本高、厚度大，因此一般只用在坦克较易受到攻击的部位，如炮塔、车体的正面及两侧。

为什么坦克能在行进中开炮？

坦克在行驶中是非常颠簸的，这样一来，坦克上的火炮要想击中目标，就好比跑马射箭，变得非常不容易。为解决这个问题，新型坦克都装有火炮双向稳定器。它由传感器和执行机构组成，能在运动中将火炮和机枪自动稳定在原来给定的方向角和高低角上，以保证火炮不受车体震动和转向的影响。这样，不论车体处在什么位置上，炮管始终能指向目标方向，从而提高了坦克在运动中的射击精度和首发命中率。

坦克为什么能涉水？

现代坦克中大多都配备了涉水设备，包括通气筒、排气阀门、救生器材、航向仪、排水泵等，这使其能在水深不超过 5 米、水流速不大于 2 米 / 秒、较为平坦的河段上潜渡。除此之外，还有一种能在水面上浮起航渡的轻型水陆两用坦克，车体又轻又长，前部呈船形，整体密封性很好，配有推进装置，但工作方式不一，有的利用特制履带划水前进，有的用螺旋桨推进，也有的采用水上推进器喷水推进。

涉水坦克正在水中前行。

坦克也有雌、雄之分吗？

其实，现代坦克是不分雌和雄的，这一提法仅出现在第一次世界大战期间坦克第一次上战场的时候。在第一辆坦克——“小游民”研制出来后，英国又制造了“大游民”坦克，将其定名为“马克”Ⅰ型。英国人将这批坦克按不同作战需要装备了不同的兵器，把装有机枪的坦克戏称为雌性坦克，而把装有火炮和机枪的坦克称为雄性坦克。而且，英军还于1916年5月组建了世界上第一支雌、雄坦克部队，在战场上给对手造成了巨大的恐慌。

坦克是越重越好吗？

早期的坦克为了提高作战和防御能力，都在向重型化方向发展，重量可达40～60吨。然而，这也导致重型坦克的机动性往往非常差。因此，坦克并非越重越好。20世纪60年代之后，出现了火力、防护都不弱于重型坦克，而机动性又大大超越重型坦克的主战坦克，于是笨重的重型坦克逐渐退出了战场。如今，大部分国家对未来坦克的重量都要求控制在50吨以内，越轻越好。

为什么主战坦克比普通坦克厉害？

我们通常所说的主战坦克，是指具有现代技术特征，在战斗中担负主要作战任务的战斗坦克。主战坦克集以往的重型坦克、中型坦克的任务于一身，在火力和装甲防护性能上，达到甚至超过了重型坦克的水平。同时，主战坦克又具有中型坦克机动性好的特点。目前，世界上装备比较先进的主战坦克有美国的 M1A1、M1A2，俄罗斯的 T－80、T－90，德国的“豹”Ⅱ，英国的“挑战者”、法国的“勒克莱尔”，以色列的“梅卡瓦”，以及日本的 90 式等。它们的共同特点是：坦克炮口径大，射程远，射速高，威力大；采用特制的复合装甲，防护能力比其他任何坦克都强；装有先进的火控系统和完善的夜视瞄准设备，可全天候作战；发动机功率大，机动能力强，行驶速度快等。这些都是普通坦克所不具备的。

M1A1主战坦克

什么是特种坦克？

除主战坦克外，由于战争的需要，各国又研制出许多装有特殊装备、担负特种任务的坦克，我们称它们为特种坦克。特种坦克包含两栖坦克、扫雷坦克、架桥装甲车（由坦克改装而来）以及第二次世界大战中曾出现过的喷火坦克。目前，较常见到的是扫雷坦克及架桥装甲车。

扫雷坦克

扫雷坦克是怎样实施扫雷任务的？

扫雷坦克其实与普通坦克没太大差异，只在车体前方安装有扫雷器，当完成扫雷任务后，只要卸下扫雷器，就能像其他坦克一样参加各种战斗。扫雷时，最常用的扫雷器是犁刀式的，它的外形有点像耕地的犁，用犁刀将埋藏的地雷一个个地翻出来，然后再把地雷堆放在坦克两侧。也有采用滚压式的，扫雷器的大滚轮好似大碾子，利用滚压的重量压爆地雷。钢铁质地的滚轮在地雷爆炸时不会受到损伤，即使有时会跳起来，但落地后仍能照常工作。除此之外，还有采用击打式的，在车前装上链条式的打雷器，让高速旋转的链条不断地鞭打地面，地雷就会因抽打而引爆。

日本90式主战坦克

世界上最昂贵的坦克是哪个？

日本90式主战坦克是当今世界上最昂贵的坦克，从1975年开始研制，到1990年定型，历时15年之久，造价高达850万美元。该坦克装备了120毫米口径主炮，并配备了能保证在夜间和恶劣天气条件下正确瞄准目标的装置。车身则采用了“模块化装甲”，能够在短时间内完成装甲的安装和脱卸。该坦克前些年在美国国际武器评估小组的排名中一直位列第一，是名副其实的“陆战之王”。

世界上最重的坦克有多重？

目前，世界上最重的坦克不过60多吨。但是，1943年，德军建造的“鼠”式坦克竟是当今世界上最重的坦克的3倍，达188吨，成为世界坦克史上最重的坦克。“鼠”式坦克长9米，高3.66米，宽3.67米，火炮口径达150毫米，外加两挺7.62毫米机枪，最大速度20千米／小时。德军原计划生产150辆，但到1945年5月仅制出2辆样车。但这2辆样车并没有发挥预期的作用，而是在运往战场的途中就被苏军炸毁了。

“鼠”式坦克的模型

Strv103主战坦克

世界上哪种坦克没有炮塔？

瑞典的Strv103主战坦克，简称S系列坦克，是瑞典陆军兵器局在1950年代打破传统设计的一种无炮塔型主战坦克。它的火炮直接固定在车体上，炮管紧贴车体前部，需要依靠车体的旋转和俯仰进行瞄准和射击。这样的设计大大降低了坦克的高度，提高了坦克的防护能力。另外，S系列坦克还是世界上最先采用自动装弹机的主战坦克，从而省去了装填手。

乘员最多的坦克共有多少乘员？

诞生于一战时期的A7V坦克以装载18名乘员的纪录，成为世界上载人最多的坦克。这18名乘员包括车长、驾驶员、炮手2人、机枪手12人、机械师2人。A7V坦克主要作为一种活动堡垒，用于支援步兵作战。车体前部装有一门火炮，两侧和后部各装两挺机枪，构成环形火力。

A7V坦克

装甲车和坦克有什么不同？

从有无装甲的角度看，装甲车是坦克、步兵战车、装甲人员输送车、装甲侦察车、装甲工程保障车辆及各种带装甲的自行武器的统称。这是一个大概念，其中包括了坦克。但是一般说的装甲车，是指从事辅助性作战的输送车辆，主要以运送士兵、物资为主；坦克则主要是承担进攻的突击武器。从武器装备上看，装甲车大多配备机枪或小口径火炮，坦克则配备大口径的坦克炮。从装甲防护程度上看，坦克的装甲厚 300 ～ 800 毫米，而装甲车的装甲只有 20 ～ 60 毫米厚。这也使得装甲车的重量较坦克要轻得多。所以，装甲车的机动性能也比坦克高。

为什么说步兵战车是坦克的好伴侣？

步兵战车是供步兵机动作战用的装甲战斗车辆，车上设有射击孔，步兵能乘车射击。在现代战争中，各类反坦克武器大量用于战场，使坦克很难对付那些隐蔽的步兵反坦克小组，于是步兵战车便被用于协同坦克作战。步兵战车具有很好的机动性、较强的火力和一定的装甲防护力，它们紧跟在坦克之后，与坦克相互掩护配合，从而成为其最亲密的伙伴和最佳搭档。

什么是装甲输送车？

装甲输送车又叫装甲人员输送车或装甲运兵车，是设有步兵乘载室的轻型装甲车辆，主要用于战场上输送步兵，也可输送物资器材。它具有高度机动性、一定防护力和火力，必要时可用于战斗。装甲输送车有履带式和轮式两种，由装甲车体、武器系统、推进系统、电气设备、通信设备和三防装置等组成。车后有一个可密封的舒适的载员舱。车尾门较宽，便于载员迅速隐蔽地上下车。

装甲输送车

步兵战车与装甲输送车有什么不同？

首先，步兵战车一般配备有小口径火炮和机枪，可以炮火支援步兵战斗，而装甲人员输送车只有大口径机枪或者反器材步枪，不能以炮火支援步兵战斗。再者，步兵战车的装甲一般可以抗得住100毫米火炮的打击，厉害的甚至可以抗得住主战坦克的打击，而装甲输送车一般只能抗得住大口径机枪子弹。

BMD3空降战车

哪种装甲战车可以从天而降？

空降战车小巧轻便，适宜于空运和空投，能运载空降部队从空降地点到达目的地。作为一种特殊的地面作战车辆，空降战车的发展与应用兴起于 20 世纪 60 年代。苏联生产的BMD 系列空降战车，是目前世界上最为系统发展的、经过实战考验的空降战车，全重仅为 6.7 吨。另外，德国生产的“鼬鼠”系列空降战车为后起之秀。

坦克架桥车是怎样架桥的？

坦克架桥车是装有可在车内操纵架设、撤收的制式车辙桥，用以保障坦克装甲战斗车辆快速克服沟渠障碍的履带式装甲工程保障车辆。结构上，它分为剪刀式和平推式两大类。它由桥体，架设装置，架、收桥操纵系统，以及底盘等组成。行军时，桥体叠放在车顶；架桥时，操纵驱动装置将其展开，搭置于沟渠两岸间。当桥体与车身的推杆完全松脱后，桥梁就架成了。坦克架桥车可以正常通过桥，到那边再以相反的程序把桥收起来。

坦克架桥车

履带式两栖装甲车是如何在水上行走的？

履带式两栖装甲车主要靠发动机带动履带划水。履带在水中做圆周运动，就如同电风扇在空气中旋转一样，一般只在原地转动，是不能前进的。于是，研制人员在履带的上方以及前后两端装上位置和尺寸恰当的挡泥板和挡水罩，其功能是减小履带划水时上半部分履带的反作用力，使车辆得以前进（或后退）。靠履带划水行进的速度是很慢的，一般时速是 7 千米左右。为提高速度，研制人员还想了许多辅助的办法，比如：在车体尾部加装喷水推进器或螺旋桨推进器；在甲板上安装防浪板；改进车体的形状，由排水型改为流线型，以减少水的阻力。现在，世界上先进的两栖装甲车，航速已达每小时 30 千米以上。

导弹与火箭有什么区别?

我们把依靠火箭发动机推进的飞行器称为火箭。因为绝大多数导弹都是用火箭发动机推进的，所以导弹也属于火箭。我们根据能否对火箭飞行施加控制而将火箭分为有控火箭和无控火箭。习惯上，我们称无控火箭为火箭，它们只是运载工具；称装有爆炸火药的军用有控火箭为导弹，它们是一种武器，有效载荷部分为战斗部。

导弹家族有哪些成员?

导弹是依靠自身动力装置推进，由制导系统导引、控制其飞行路线并导向目标的武器。导弹按发射点与目标位置的关系可分为地地导弹、地空导弹、岸舰导弹、空地导弹、空舰导弹、空空导弹、潜地导弹、舰空导弹、舰舰导弹等；按飞行方式可分为弹道导弹和巡航导弹；按攻击活动目标的类型可分为反坦克导弹、反舰导弹、反潜导弹、反飞机导弹、反弹道导弹、反卫星导弹等；还可按作战使用目的分为战略导弹和战术导弹。

为什么大多数导弹比飞机快？

这是因为大多数导弹可以在大气层之外飞行，受重力和空气阻力的影响较小，飞行速度快，而飞机是在大气层之内飞行的，受大气影响较大。另外，导弹无人驾驶，不用考虑人的承受能力，飞行速度可以不断提高，而需人驾驶的飞机不行。人最多只能承受 8.5 倍重力加速度 (g) 的过载，高了就会出现眩晕甚至死亡。因此，现代战机的速度基本在 2.2 倍音速以下。

为什么导弹能飞得很远？

导弹不同于一般弹药，它能够轻松发射到几十千米甚至上千千米外。这是因为导弹上装有可产生强大推力的发动机，主要有火箭发动机和吸气喷气发动机两大类，前者携带氧化剂和燃烧剂，后者只携带燃烧剂。燃烧剂燃烧后，能产生出高温气体，经喷管高速排出，从而产生很强的反作用力，推动导弹前进。所以，只要装有足够的燃烧剂，导弹就能飞行得很远。

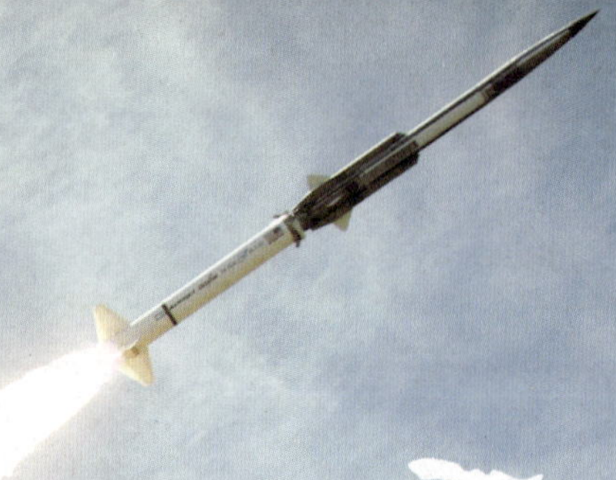

为什么导弹能自动识别敌我？

为了不让导弹在战场上误打乱撞，军事科研人员为导弹研制了一种敌我识别系统，来分辨敌我。当有飞机进入导弹的作战空域时，导弹射手首先发现并瞄准飞机，同时开启敌我识别系统。这时，讯问机不断用微波脉冲信号把预先规定好的电讯密码发送给飞机。如果是己方或友军的飞机，由于飞机上应答机的接收频率是预先调好的，所以能立即收到讯号，并通过译码机译出，发出回答信号。当讯问机收到特定的回波信号后，射手就会中断发射程序，使导弹恢复到保险状态。相反，如果是敌机，便不会收到应答信号，射手就可以发射导弹了。

为什么导弹能拦截导弹？

有一类导弹能够拦截在空中疾飞的导弹，称拦截导弹。拦截导弹具有不同于一般子弹、炮弹的特殊装备：它拥有极高分辨率的电视探测器、小型雷达、远红外探测器这三只“眼睛”，能可靠发现目标的准确位置并进行跟踪和定位；它还有一个聪明的“脑袋”——以计算机为核心的控制系统，可以计算出拦截导弹偏离弹道的数据，控制导弹准确命中目标。此外，拦截导弹在发射前还需预警卫星、GPS系统、红外探测器、地基雷达等“朋友”的协助，搜索、监视攻击目标，这样在发射后才能实现拦截。

“爱国者”导弹曾成功截获过“飞毛腿”导弹。

为什么导弹靠近目标才引爆?

导弹上装有一个类似有大脑功能的无线电引信，它利用电磁波来判断目标的距离、方位和控制引爆时机。当导弹向飞行目标发起攻击时，导弹上的无线电引信便自行解锁，进入工作状态。它一边飞行，一边通过微型天线向弹道周围的空间连续不断地发射出电磁波。电磁波碰到飞机、导弹、舰艇等活动目标后，便会反射回来，并被无线电引信接收。由于导弹在飞行过程中与目标之间的距离及两者之间的相对速度发生了变化，因此，接收的回波频率也随之发生了变化，产生多普勒频移。导弹上的无线电引信根据多普勒频移的变化，不断确定导弹与目标之间的距离、方位。当导弹进入有效杀伤范围，而目标正好位于战斗部起爆面之上时，无线电引信便立即发出指令引爆战斗部。密集的弹片飞向目标，最终将目标击毁。

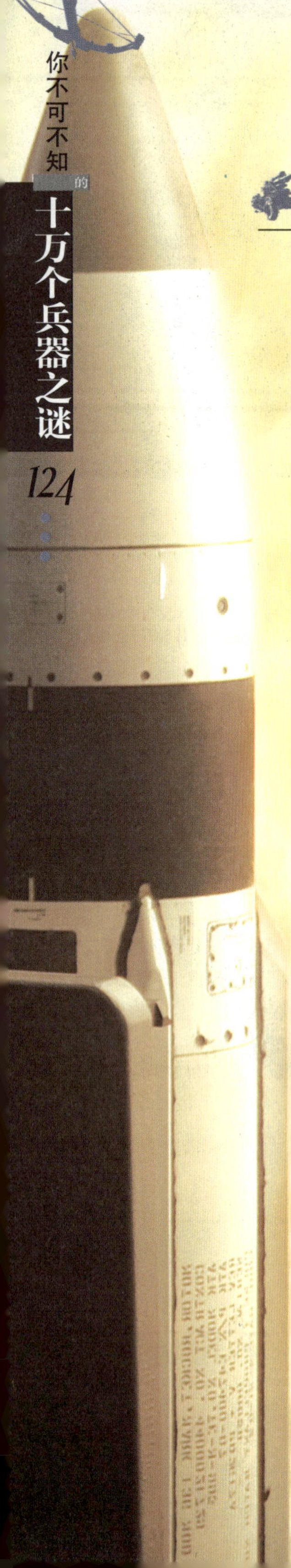

为什么导弹大多采用垂直发射?

导弹具有制导能力，因此可以选择垂直、倾斜或水平等多角度方式发射。不过，在众多发射姿态中，选择垂直发射的导弹居多。以垂直方式发射，弹体所受重力与发动机推力方向相反，并在一条线上，这时的效率最高。还有，垂直发射导弹可以使发射装置大为简化，发射系统结构紧凑。配置在舰艇上的导弹，如果采用垂直发射方式，会节省大量舰艇空间。另外，对地地战略弹道导弹而言，垂直发射便于导弹更快穿越大气层，达到较高弹道，从而更容易突破敌方导弹防御系统。

为什么导弹会“自杀”？

导弹是很精密的武器，命中率很高。可是，一旦出现故障或飞行状况出现意外，导弹就无法准确无误地飞向目标了。这时候导弹就要进行自我毁灭，否则的话就会伤及无辜。导弹的自毁方式各不相同，对一般的导弹，通过引爆来自毁；对于装有核弹头的导弹，为防止核爆炸，则采用空中化学爆炸。当然，如果地面想取消打击任务，也可以发出自毁指令遥控引爆导弹。

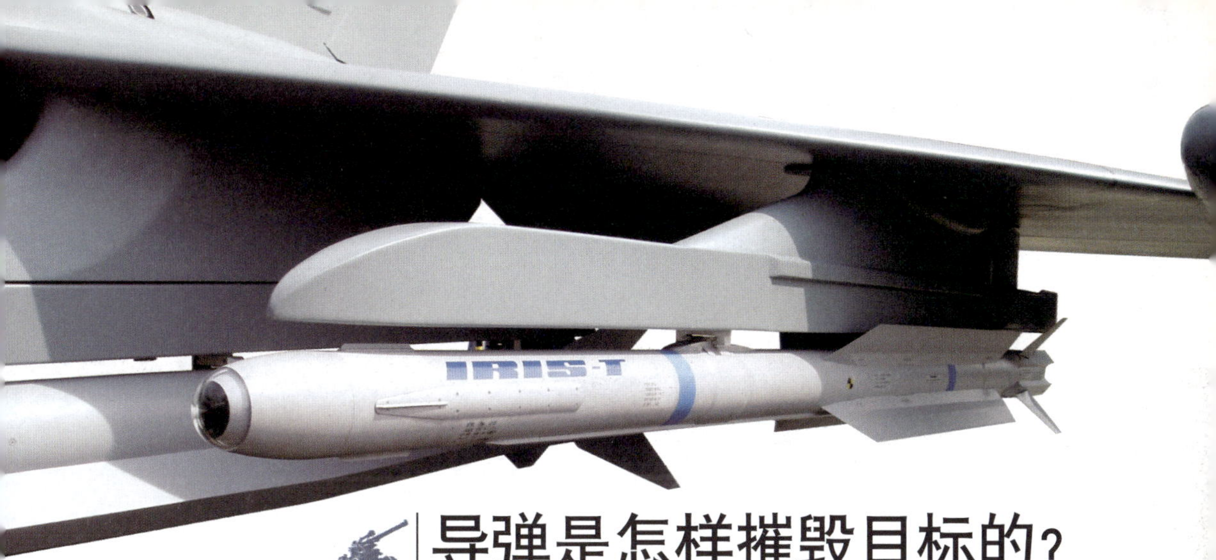

导弹是怎样摧毁目标的？

导弹摧毁目标主要靠战斗部的破坏作用。导弹战斗部可分为普通装药和核装药两类，而使用最多的是普通装药战斗部，也称非核导弹战斗部。核导弹战斗部靠强大无比的核反应产生的动力来实现破坏。对于非核导弹战斗部，按照攻击目标的不同可分为三类：一种是爆破战斗部，特点是装药量大，起爆后，壳体内装的高能炸药能在瞬间由固体状态变为高温高压气体，以产生强大的冲击波来摧毁目标；另一种是杀伤战斗部，靠爆炸时所形成的碎片去杀伤目标；最后一种是反装甲战斗部，其主要特点是通过穿透目标装甲而进行延时起爆，以扩大爆炸威力和作战效能。此外，导弹战斗部还常采用多弹头杀伤目标，常用的有集束式多弹头、分导式多弹头和全导式多弹头等。

武装直升机正在发射导弹。

1999年10月，在中国成立50周年阅兵仪式上，中国战略导弹部队方阵正从天安门广场前经过。

战略导弹和战术导弹有什么区别？

战略导弹用于攻击战略性目标，多数是对方的政治和经济中心，交通枢纽，军事和工业基地，指挥控制中心等。由于战略目标大多位于对方腹地，面积大，因此战略导弹大多为携带核弹头的弹道导弹，否则很难具备足够的威力和射程。战术导弹用于攻击战术目标，其射程通常在1000千米以内，多属近程导弹，像坦克、舰艇、飞机等活动目标都是其攻击对象。某些军事基地、交通枢纽也可能成为一场战役中的战术攻击目标。

什么是弹道导弹？

弹道导弹是指在火箭发动机推力作用下，按预定程序飞行，关机后按自由抛物体轨迹飞行的导弹。它的主要特点是：导弹沿着一条预定的弹道飞行，攻击地面固定目标；通常采用垂直发射方式；导弹大部分弹道处于稀薄大气层或外大气层内；火箭发动机推力大，能串联、并联使用，可将较重的弹头投向较远的距离之外；弹体各级之间、弹头与弹体之间的连接通常采取分离式结构，当火箭发动机完成推进任务时，即行抛掉，最后只有弹头飞向目标；导弹无弹翼，或者只有很小的尾翼，质量和体积大。

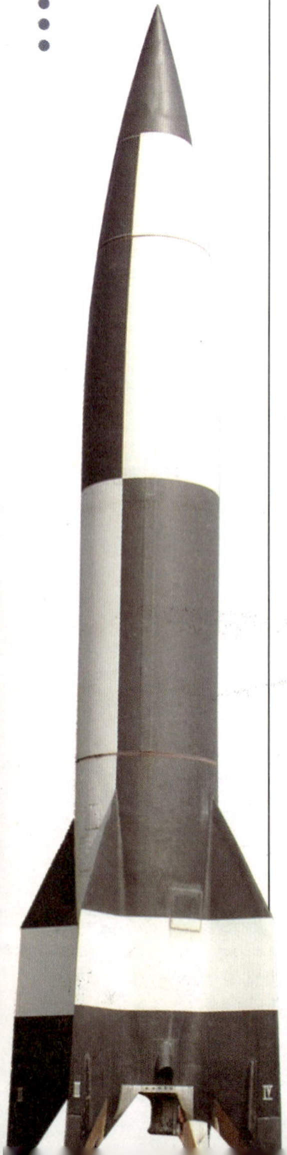

V2弹道导弹

为什么洲际弹道导弹能击中10000千米以外的目标？

洲际弹道导弹是弹道式战略导弹中个头最大、重量最重、威力最强的一种，其射程在8000千米以上。它点火以后先垂直向上飞行，几秒或十几秒后才开始转弯，按预定的弹道飞行。当它的位置和速度能保证导弹命中预定目标时，发动机熄火。这时，弹头与弹体分离，弹头依靠惯性飞向目标。由于飞行是在大气层外，弹道受地心引力的影响呈椭圆形，航速可达7千米／秒，航程可达10000千米以上。飞行中，导弹中装备的惯性制导系统会随时测量导弹在飞行中俯仰、偏航和滚动各方面的加速度，并进行计算，将导弹每一瞬间所处的空间位置与程序装置预定的导弹位置进行比较，如果有偏差就形成校正信号，控制导弹回到预定弹道。这样，洲际导弹就能沿着预定轨道准确地击中10000千米以外的目标了。

中国制造的东风21洲际导弹

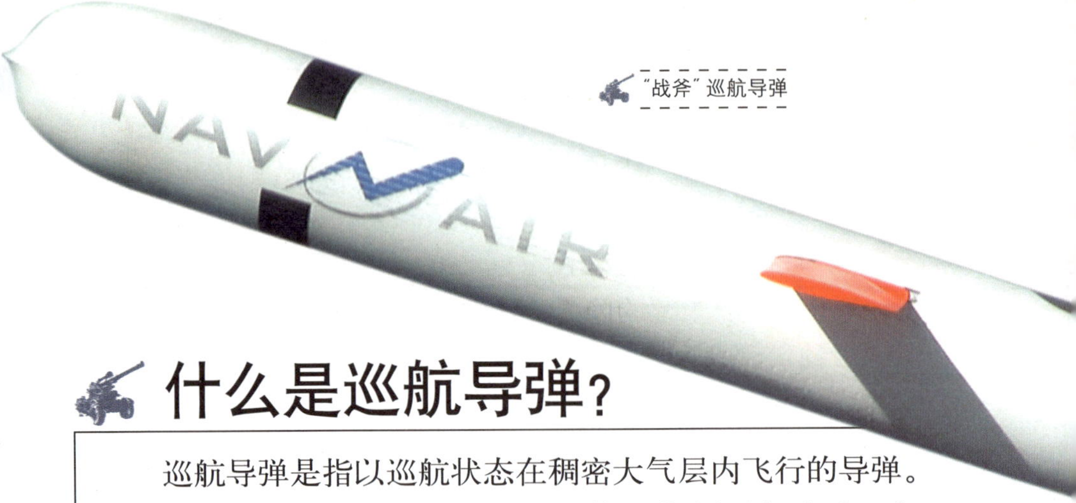

“战斧”巡航导弹

什么是巡航导弹？

巡航导弹是指以巡航状态在稠密大气层内飞行的导弹。所谓巡航状态，是指导弹在火箭助推器作用下加速后，主发动机的推力与阻力平衡，弹翼的升力与重力平衡，接近于恒速、等高度飞行的状态。在这种状态下，单位航程的耗油量最少。按作战使用，巡航导弹分为战略巡航导弹和战术巡航导弹；按飞行速度，分为亚音速巡航导弹和超音速巡航导弹。

巡航导弹是怎样发射的？

巡航导弹因为长度、弹径和重量较小，所以飞机、舰艇、潜艇和装甲战车均可作为其发射平台。空中发射时，载弹飞机投弹后，导弹上的发动机启动，弹翼打开，导弹作巡航飞行；由潜艇以水下发射时，利用水下抛射系统把导弹从鱼雷发射管中推出，导弹冲出水面后，弹翼打开，导弹开始巡航飞行。

为什么巡航导弹不易被雷达发现？

巡航导弹不易被雷达发现主要有两个方面的原因：一是雷达有盲区，对位于低空的目标不容易发现。巡航导弹一旦到达预定目标上空，便立即降低飞行高度。当巡航导弹接近飞行目标时，飞行高度一般小于 20 米，这样的飞行高度往往在雷达的盲区之内。另外，巡航导弹采取了有效的隐身措施，雷达在导弹身上的反射面积仅为 0.02 ～ 0.1 平方米，相当于一只小海鸥的反射能力。所以，雷达不易发现在低空飞行的巡航导弹。

为什么巡航导弹离不开数字化地图？

巡航导弹能在无人导航的条件下飞行几千千米，准确命中目标。它如此神通广大，靠的是自身装载的一张绘有地形地貌的标准数字化地图。导弹在飞行过程中，测高雷达可自动连续测出每一瞬间的飞行高速，将数据传给导弹内的计算机。计算机通过分析、比较，判断每时每刻导弹的实际飞行轨道是否和预先程序编排的轨道一致。如果不一致，计算机能自动地计算出偏差，发出指令调整导弹的飞行姿态，修正偏差。这样，巡航导弹才能够像长了“眼睛”一样，准确地击中预定目标。

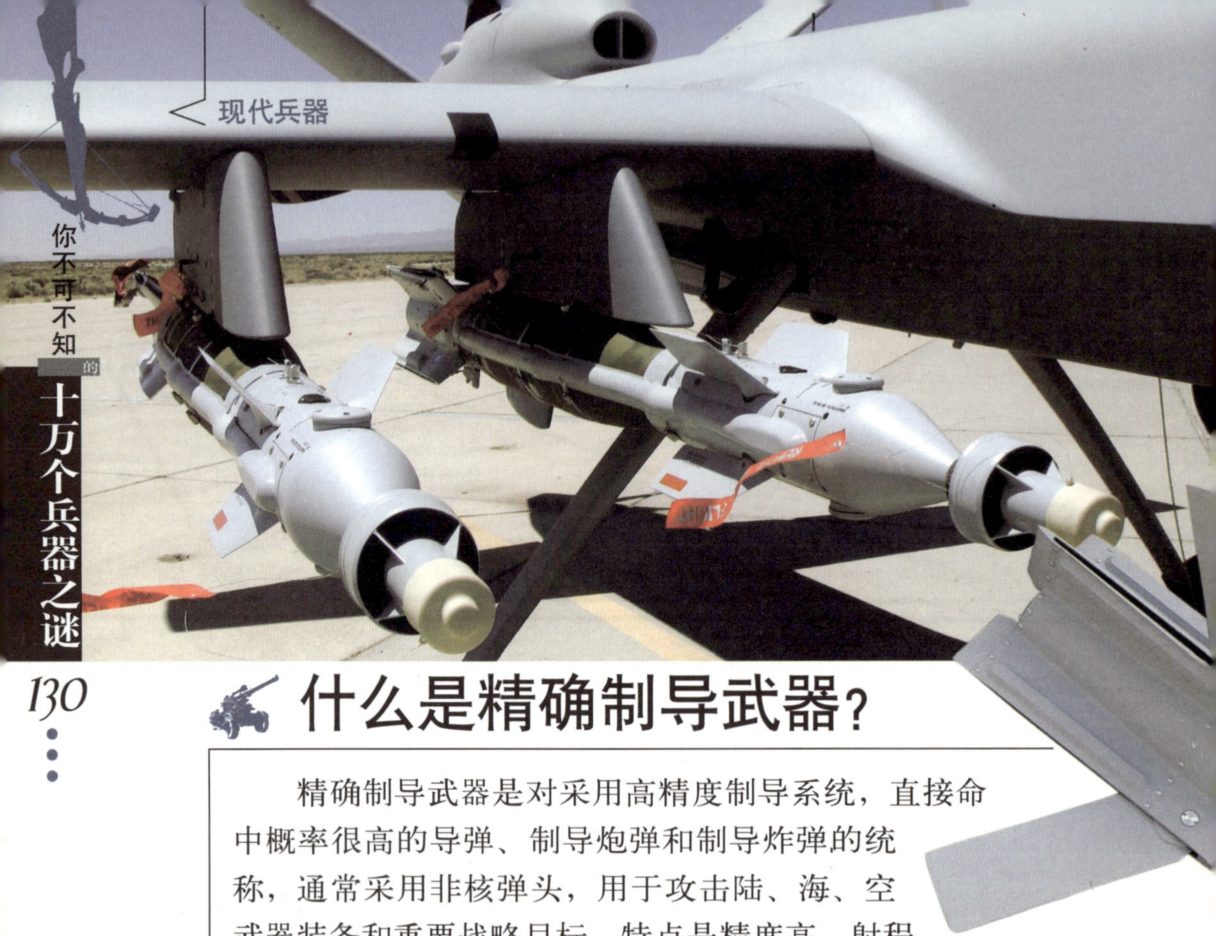

什么是精确制导武器？

精确制导武器是对采用高精度制导系统，直接命中概率很高的导弹、制导炮弹和制导炸弹的统称，通常采用非核弹头，用于攻击陆、海、空武器装备和重要战略目标，特点是精度高、射程远、攻击力强。它对目标的命中概率要求在 50% 以上，对点状目标命中概率偏差在 0.5～1.5 米之间，对面状目标的圆概率偏差在 3 米以内。实际上，大多数的精确制导武器命中概率已达到 80% 以上。

精确制导武器用什么方法来探测和寻找目标？

一般来说，被打击的目标有可能反射光线、发出红外线、发射电波或声波等。精确制导武器上的探测和寻找目标的系统（或称寻的系统）可以根据这些特征探测和发现目标。寻找目标的装置一般都装在精确制导武器的前部或叫头部，所以又称“寻的头”或“导引头”。精确制导武器能否有效地打击目标，关键取决于导引头的性能。

精确制导武器是怎样精确打击目标的？

精确制导武器由于采用了先进的制导技术，从而具有一定的智能化特征。下面以美国的“黄蜂”空地导弹为例，来解释精确制导武器是如何实现精确打击的。首先，导弹可在复杂的地物背景中鉴别出是否有要攻击的目标。如果没有，则继续搜索目标；如果有，则作进一步信号分析，鉴别和判断所探测目标是真目标，还是背景或假目标。如果不是真目标，导弹上的探测器便重新进行目标搜索；如果确认是真目标，则进一步判断目标是否处在战斗部杀伤范围内。如果是在杀伤范围之内，则自动估算出最佳爆炸高度，将战斗部引爆，将目标击毁；如果不在杀伤范围之内，则继续对目标进行锁定跟踪，直到进入有效杀伤范围为止。如果发现有两枚以上的导弹同时跟踪同一个目标，后面跟踪的导弹就立即自动离开，探测器重新进行目标搜索，然后捕获、跟踪和攻击新的目标。

怎样区分军舰与民船?

军舰，过去也叫兵舰，是指有武器装备，能在海洋执行作战任务的海军船只。军舰与民船的最大区别是，军舰上装备有武器；其次是，军舰的外表一般漆上蓝灰色油漆，舰尾悬挂海军旗或国旗。桅杆上装有各种用于作战的雷达天线和电子设备，也是军舰有别于民船的一个标志。

舰、艇、船是如何区分的?

舰、艇是军用船舶中所用的称呼，一般以排水量的大小来区分：排水量小于500吨的称为艇，大于500吨的称为舰。但潜艇很特殊，无论吨位大小均称为艇。在民用船舶里，无论排水量大小，所有的都可以称为船。

军舰有哪些不同的种类、种别和级别？

军舰通常分为两大类：一类是战斗舰艇，另一类是勤务舰船。在同类舰艇中，根据其基本使命和遂行的任务的不同可以划分成不同的舰种，如战斗舰艇可划分为航空母舰、战列舰、巡洋舰、驱逐舰、登陆舰、潜艇、导弹艇、炮艇、鱼雷艇和猎潜艇等，勤务舰船可划分为修理舰船、运输船、油船、水船、测量船、打捞救生船、拖船等。在同一舰种中，根据其排水量、武器装备和战术技术性能的不同，又可以划分为不同的舰级和舰型，比如“宙斯盾”级的驱逐舰、“蚊子”级的鱼雷艇。有的只区分为不同的舰型。

为什么舰艇行动要编队执行任务？

舰艇在海上执行作战任务时大多是以编队形式行动，这与舰艇的特点有关。武器装备比较齐全的大型舰艇，其机动能力必然受到相应的影响。所以，各类舰艇建造时，在照顾到自身攻防能力均衡的基础上，只能在某些作战能力方面有所侧重，如有些舰以防空为主，有些舰则以反潜为主等。为了使舰艇具有独立作战能力，必须根据作战海区的敌情和任务，对舰艇进行合理的选择和编组，组成编队，使各类舰艇都能较好地发挥各自的特长，以集体的力量更有效地遂行所担负的任务。

军舰上大都配置哪些武器？

战斗舰艇中，有以航空母舰为基地的舰载攻击机、舰载歼击机、舰载反潜机、舰载预警机以及舰载侦察机和电子对抗机等，有战略导弹潜艇装备的潜地导弹，其他战斗舰艇装备的有舰舰导弹、舰空导弹、反潜导弹和鱼雷、水雷、舰炮、深水炸弹、电子对抗系统，还有反水雷舰艇装备的扫雷具和猎雷设备。每艘战斗舰艇按其使命任务装备一至数种武器，并大多配有火力控制系统和指挥控制自动化系统。勤务舰船只装备有少量的自卫武器。

为什么军舰要消磁？

地球是一个天然的磁体，如果把用钢铁制造的物体放在这个磁场内，它就会被磁化。由于绝大多数军舰都是用钢铁建造的，因此很容易被磁化。这时舰体的磁性远远大于周围环境的磁性，如遇磁性水雷或磁性鱼雷时，就将导致其引信动作，把舰艇炸毁。所以，军舰要定期消磁。消磁有专门的消磁船坞，有时也可以直接在战舰上缠绕电缆来消磁。

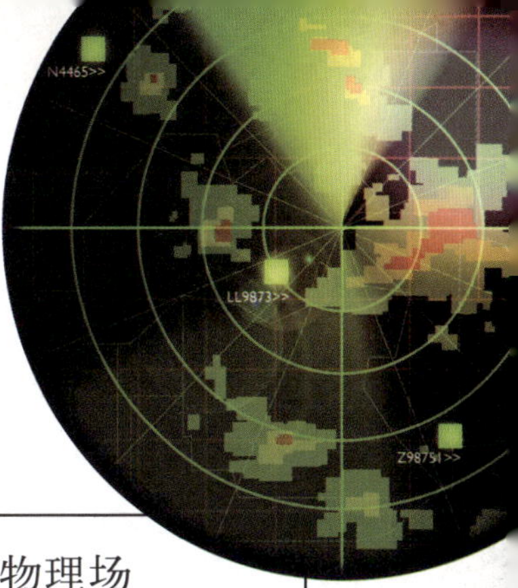

舰艇是怎样隐形的？

在现代海战中，雷达、红外、声呐等物理场探测器以及精确制导武器得到了越来越广泛的应用，使得舰艇面临严重威胁，因此对舰艇进行隐形保护就显得非常必要。舰艇要做到隐形，至少需要做到雷达隐形与红外隐形。雷达隐形需要让舰艇不强烈反射电磁波或根本不反射电磁波，或者让舰艇使用电磁干扰，从而使雷达“致盲”。在舰体外表涂上一层能吸收电磁波的涂料也是隐形手段之一。另外，舰艇都有很强的红外辐射，它的甲板受太阳光照射后会反射大量的辐射热，它的烟囱、各类排气管和机器运转散发出的热量，都很容易被红外探测器探测到。为此，舰艇要尽量少排放热量或以各种屏蔽措施予以屏蔽，例如：加装各种隔热板和防护层，用以减少舰艇受热表面的热辐射；向舰艇表面喷水，或采用红外隐身全舰水幕系统；不用烟囱等。另外，舰艇还要考虑声隐形，即不被声呐探测到。

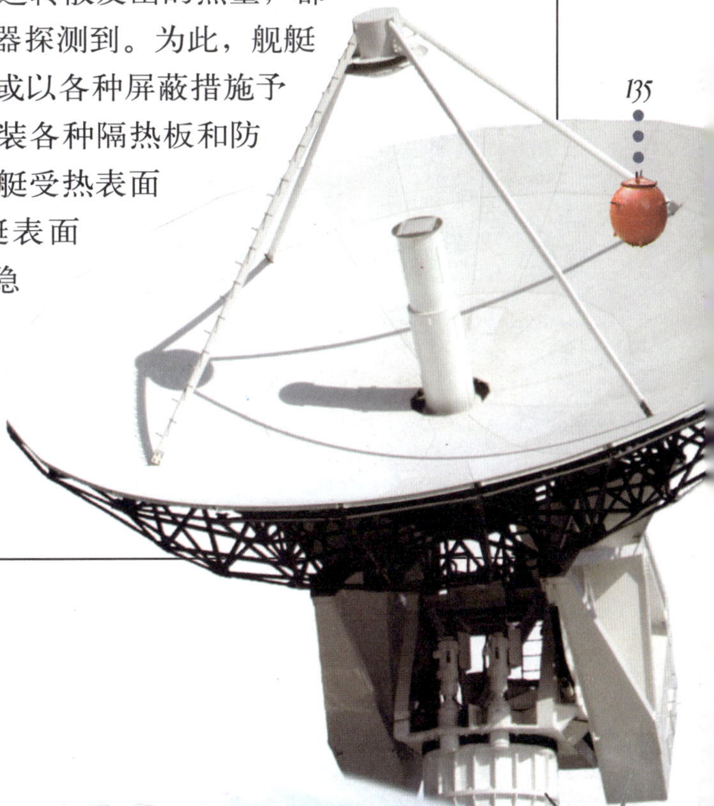

战列舰的名称是如何得来的?

战列舰是以大口径舰炮为主要武器，具有很强的装甲防护力和突击能力，能在远洋作战的大型水面军舰。它的名字源于帆船时代的“战列线战斗舰”，是随着1655～1667年的第二次英荷战争中海军战术的改变而出现的。当时的海战方式为交战双方的舰队在海战中各自排成单列纵队的战列线，进行同向异舷或异向同舷的舷侧方向火炮对射。凡是规模足够大，可以参加此种战斗的舰船，均被称作“战列线战斗舰”，简称“战列舰”。

铁甲舰和战列舰是同一舰种吗?

铁甲舰是从旧式木制风帆战列舰演化而来的舰种，在经历了一系列的改进后，发展成为战列舰。因此,铁甲舰被视为早期的战列舰。它使用蒸汽动力，火炮由原来的固定式改为旋转式，并且普遍采用了螺旋膛线，因此战斗力得到了迅速提高。同时，为了防御敌方炮弹的破坏，战舰在舰桥、舰舷、甲板和炮塔等要害部位均装有钢铁护甲。像清朝北洋水师的“定远”号、“镇远”号铁甲舰，可以称作是铁甲舰时代的代表。

“镇远”号铁甲舰

"无畏"级战列舰

为什么说"无畏"级战列舰的问世具有划时代的意义？

1906年，英国军方建造的当时世界上最大、火力最强的铁甲舰"无畏"号下水了，并恢复了战列舰的名称。"无畏"号是根据意大利著名工程师库尼贝迪上校的构想进行设计的，排水量1.79万吨，航速21节（21海里／小时或38.892千米／小时），装备有10门305毫米主炮、24门76毫米副炮、5座水下鱼雷发射器。这比当时最大的铁甲舰的火力还要强1倍以上。此后，各海军强国纷纷仿效"无畏"号建造自己的战列舰，于是一类被称为"无畏"级的新型战列舰出现。此舰的问世开创了海军史上巨舰大炮的新时代，因此意义重大。

为什么战列舰退出了历史舞台？

从1906年英国人造出世界上最大的"无畏"级战列舰开始，战列舰进入了它的辉煌时期，到20世纪初至第二次世界大战前的这一时期达到了极盛。那时，它是唯一具备远程打击手段的战略武器平台，因此受到各海军强国的重视。在第二次世界大战中，随着舰载飞机的出现，舰炮的优势化为乌有，战列舰海上霸主的地位被彻底动摇了。随后，战列舰逐渐退出海军装备，其战略角色为航空母舰和弹道导弹潜艇所取代，到21世纪则彻底退役消失。

巡洋舰能完成什么样的作战任务?

巡洋舰是在排水量、火炮、装甲防护等方面仅次于战列舰的多用途大中型水面战舰，它具有较高的航速和远洋机动作战能力。它的主要作战用途是在航空母舰编队中担负防空、反潜和攻击敌水面舰艇的任务；以导弹巡洋舰为核心，以导弹驱逐舰和护卫舰作为护卫兵力，组成编队，在重要海区和航道执行警戒巡逻和作战任务；为己方突击兵力、运输船队或登陆部队护航；掩护部队登陆，攻击敌沿岸海军基地、港口和其他军事目标，或与陆地部队配合对己方濒海部队实施火力支援。

“紫石英”巡洋舰

现代巡洋舰为什么能重获生机?

1904年，世界上第一艘装有汽轮机的巡洋舰——英国军方建造的“紫石英”号下水了，标志着现代巡洋舰的诞生。在随后的战争中，巡洋舰都有出色的表现。二战后，随着海军航空兵的崛起，大型炮舰的地位日渐衰落，大部分国家已很少建造巡洋舰。50年代后，由于导弹技术与核技术的迅速发展，才使巡洋舰获得了新生。随着导弹的大量装备和动力核能化，巡洋舰改变了以往厚甲重炮的面貌，防空和反潜的能力大增，出现新型的防空巡洋舰和反潜巡洋舰。再加上直升机在巡洋舰上的应用，都令巡洋舰焕发出勃勃生机。

战列巡洋舰是一类什么样的战舰？

战列巡洋舰是 20 世纪初兴建的一种大型战舰，是在装甲巡洋舰的基础上演变过来的一种功能性很强的新型战舰。战列巡洋舰的吨位介于战列舰和巡洋舰之间，主炮口径比装甲巡洋舰大，火力与战列舰相当，但装甲却很薄弱，仅相当于巡洋舰水平。装甲方面省下来的重量被用在更强大的驱动装置上，这为战列巡洋舰提供了更高的速度，使它具有很好的机动性。该舰的设计非常成功，至少在早期的海战中圆满完成了使命，既可以轻而易举地击毁巡洋舰，又能逃避敌人的战列舰。然而，在第二次世界大战中，它们的缺点明显地暴露出来了——装甲的设计不够厚，可以被炮弹轻易击穿。因此二战后，战列巡洋舰逐渐退出了历史舞台。

1914年，第一次世界大战，英国海军战列巡洋舰“不屈”号出海作战。

导弹巡洋舰具有什么样的特点?

导弹巡洋舰是除航空母舰以外最具战斗力的水面舰艇，它配备有极全面的对地、对海、对空和反潜武器，能够独立应对多方面的威胁，在各种战斗中发挥作用。世界上第一艘真正的导弹巡洋舰是1961年苏联建造的“格罗兹尼”号，它的满载排水量为5500吨，最大航速约为67千米/小时，续航能力为12500千米。

为什么“宙斯盾”系统能使导弹巡洋舰变强大?

“宙斯盾”系统是一种先进的舰用导弹系统，由美国海军开发。它由六大部分组成：相控阵雷达、指挥决策系统、武器控制系统、导弹火控系统、导弹发射系统及战备检查系统。“宙斯盾”系统是这样工作的：相控阵雷达系统会不停地搜索目标，一旦探测到目标，计算机会立即发出指令实施跟踪，同时把目标数据送入指挥决策系统进行敌我识别、威胁评估等，并将结果输入火力控制系统；火控系统自动编制拦截程序，迅速将参数传给导弹。该系统能识别和跟踪数百个空中目标，并计算出其飞行轨迹，同时进行舰空导弹的中继制导，这是其他任何武器系统都望尘莫及的。所以，配备了“宙斯盾”系统的导弹巡洋舰就会变得不同凡响。

“提康德罗加”级导弹巡洋舰为什么享有盛誉？

“提康德罗加”级导弹巡洋舰被誉为“当代最先进的巡洋舰”、“具有时代的战斗力和生命力”。它是美国首次装备“宙斯盾”系统的舰艇，攻防火力都极强，是美国海军为解决舰队对空防御难题而设计制造的。该级舰安装两座 MK41 导弹垂直发射系统，该系统平时储存导弹，发射时只要打开甲板发射口盖，接通发射电源，导弹就可腾空而起。两个导弹库按垂直发射方案，可装 122 枚导弹，可混装“战斧”巡航导弹、SM－2 舰空导弹、“阿斯洛克”反潜导弹。舰尾有两座四联装“鱼叉”反导弹发射架。

世界上吨位最大的巡洋舰是哪级？

1980 年 5 月，苏联“基洛夫”级大型核导弹巡洋舰的首舰——“基洛夫”号出现在波罗的海，它是世界上吨位最大的导弹巡洋舰，舰长 248 米，宽 28.5 米，满载排水量约 28000 吨，舰员编制 900 人。它是除航空母舰之外，世界上最大的水面战斗舰艇。同时，它还是火力最强的巡洋舰。它可携带 500 多枚舰舰导弹及舰空导弹，火控系统可同时打击数十个活动目标，此外还备有 3 架反潜直升机以及鱼雷、深水炸弹等多种武器，具有对海、对空、对潜、对岸的全面作战能力。

“基洛夫”级核导弹巡洋舰

为什么说鱼雷催生了驱逐舰？

驱逐舰的诞生与鱼雷的兴起与广泛使用有着一定的联系。1866 年，英国工程师罗伯特 · 怀特海德发明了鱼雷。随后，用来攻击大型舰艇的鱼雷艇诞生了。这种艇小巧灵活，速度比军舰快得多，常于夜幕中悄悄袭击敌方军舰，并屡屡奏效。军舰难以制伏机动灵活的鱼雷艇，有人便提出建造一种比军舰小、比鱼雷艇大的新舰，舰上设以大炮，可轰击鱼雷艇，同时配备鱼雷，又能攻击敌方军舰。1893 年，英国军方根据新舰设计思路建造了姊妹舰——“哈沃克”号和“霍内特”号，它们都装备有鱼雷，排水量为 240 吨，长 54.8 米，宽 5.48 米，航速达 24 节 (44.5 千米 / 小时)，成为当时世界上航速最高的军舰。人们给这一新舰种命名为“鱼雷艇驱逐舰”，简称“驱逐舰”。以后，驱逐舰在质量、规模、数量等方面得到不断发展，成为海军重要的作战力量。

驱逐舰的分类经历了怎样的发展变化？

驱逐舰在不同时期有不同的分类标准。第一次世界大战前夕，驱逐舰的主要武器为火炮和鱼雷，满载排水量大都在1000～1300吨，所以当时没有严格的分类。第二次世界大战时，随着潜艇和鱼雷的广泛应用，驱逐舰要担负各种不同的任务，于是出现了海洋驱逐舰、舰队驱逐舰、驱逐舰、护航驱逐舰等类型。到70年代中期，人们按吨位把排水量在7000吨以上的驱逐舰划为巡洋舰，把排水量在3000吨以下的舰队驱逐舰和护航驱逐舰划为护卫舰，把排水量在3000～7000吨之间的各型驱逐舰统称为驱逐舰。目前，一般按用途把驱逐舰分为导弹驱逐舰、反潜驱逐舰和多用途驱逐舰等。

为什么说驱逐舰是“海上多面手”？

人们都说驱逐舰是“海上多面手”，这是因为它是一种多用途的军舰，可以在世界各地有效地执行各种战斗任务。现代驱逐舰主要担负6种任务：担负航母编队的防空和反潜任务；协同海上舰艇编队防空、反潜和对海攻击；担负两栖编队的防空和反潜任务；承担海上补给编队的护航任务；在两栖作战中实施火力支援；担任海上巡逻、警戒、封锁、搜索和救援。自从导弹装备到驱逐舰上以后，它又增加了打击远距离重大目标的任务。

为什么驱逐舰不采用核动力？

现在的驱逐舰一般采用燃气轮机或柴油机，之所以不采用核动力，原因很简单。现有的核动力装置都是核裂变装置，不管核心有多大，外面至少要用300吨的铅和石墨吸收辐射，因此将核心做大一点，功率也大一点，显然更划算。如此大的体积和功率用来推进一艘排水量一般不超过1万吨的驱逐舰显然不合理。因此，核动力一般用在排水量达数万吨级别的航空母舰和巡洋舰上。有些核潜艇的排水量只有几千吨，之所以也采用核动力，是因为核动力不需要空气。

为什么驱逐舰要重视反潜和防空？

现代战争对驱逐舰的作战能力提出了很高的要求，需要它们应对来自海、陆、空三方面的威胁，特别是海上反潜和空中打击。因此，驱逐舰在舰载武器方面上做出了很大的突破。过去，舰上装备的主要武器是火炮和鱼雷发射管，而今它们的数量在大大减少，相反防空和反潜武器得到加强。目前，驱逐舰上大多安装了远、中、近程防空导弹装置，反舰反潜导弹装置，反潜直升机，而最大级别的驱逐舰甚至装有“战斧”巡航导弹。而且未来的武器装备还会向着更精、更快、更全的方向发展，以应对敌方反舰导弹和飞机的攻击。

为什么驱逐舰越建越大？

20世纪70年代以来，驱逐舰上开始配置作战信息控制以及指挥自动化系统，导弹垂直发射装置，用来防御反舰导弹的小口径速射炮等，这不仅使驱逐舰越发复杂而昂贵了，而且使它不断向大型化方向发展。驱逐舰舰体逐渐增宽，标准排水量也升到6000吨以上，这已经接近第二次世界大战中的轻巡洋舰。而且，现代远洋作战也要求驱逐舰具备足够的动力，续航能力增强，以及多携带弹药，所以在未来，驱逐舰还会朝着越来越大的趋势发展。

驱逐领舰为什么会“昙花一现”？

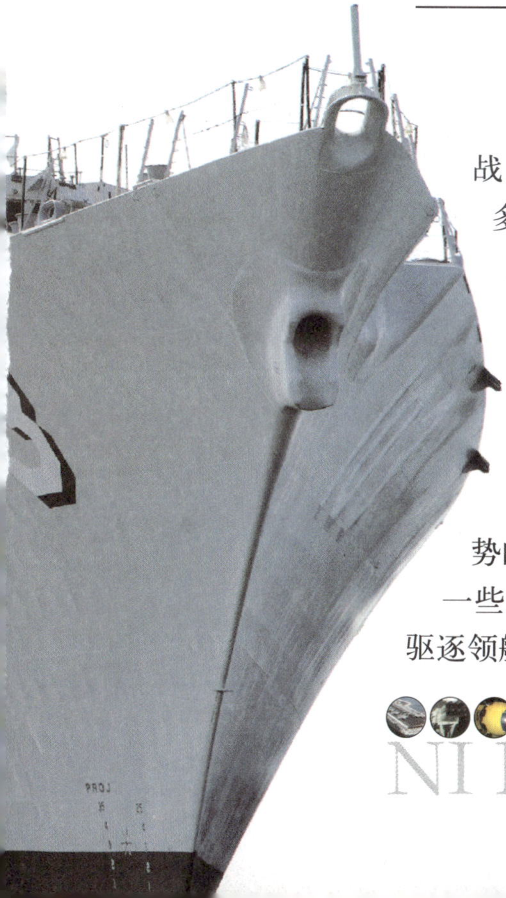

在护航战中，很多驱逐舰都一起编队作战，这就涉及到指挥问题。指挥舰需要很多专用的设备和大量的空间，而驱逐舰上空间紧张，于是一种具备指挥其他驱逐舰作战的旗舰，也就是驱逐领舰便诞生了，它可以提供足够的空间来安装相关设备，搭载相关人员。20世纪50年代，美国建造的“薛尔曼”级驱逐舰以及超大型的“诺福克”级驱逐舰便是这一趋势的体现。然而后来，随着通信设备的进步，一些普通的驱逐舰也具备了充当旗舰的能力，驱逐领舰便销声匿迹了。

世界上数量最多的舰种是哪个？

护卫舰是世界各国海军的主力舰之一。在各国海军舰艇的发展过程中，护卫舰的增长速度最快，担负的使命最多，以至于成为目前世界上数量最多的舰种。目前，全世界已有各种级别的护卫舰700多艘。并且，它还呈现着日益发展的趋势。

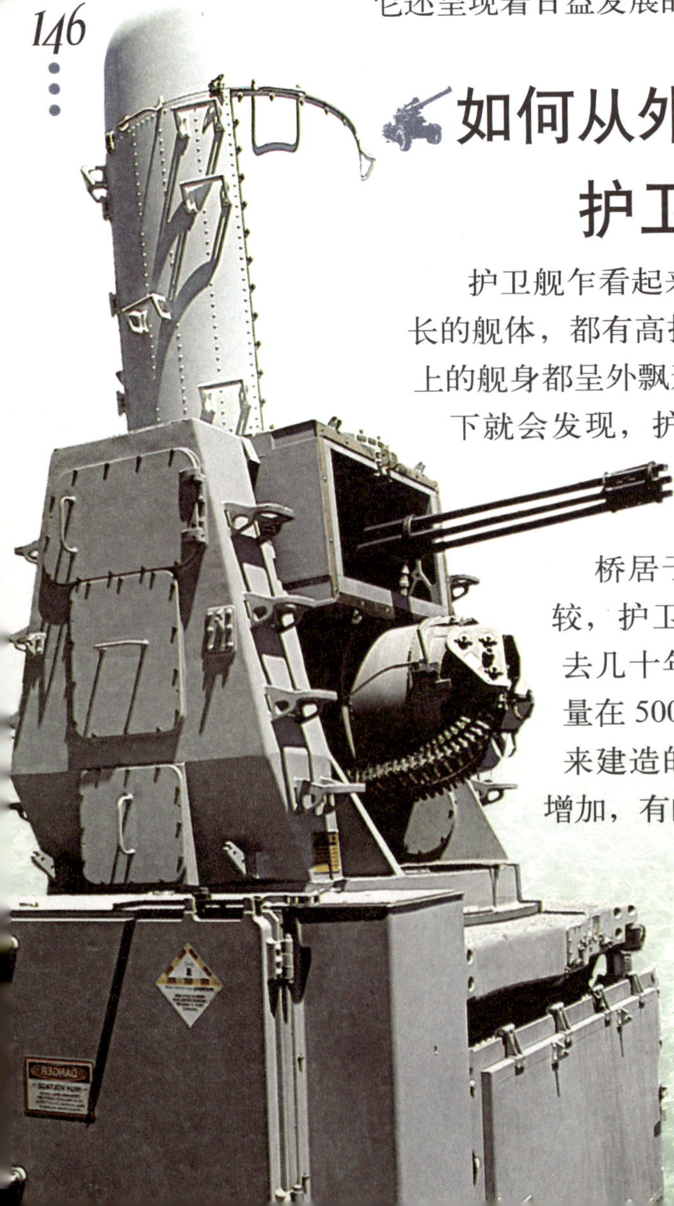

如何从外观上辨别护卫舰和驱逐舰？

护卫舰乍看起来和驱逐舰相似，都有修长的舰体，都有高扬于海面的舰首，水面以上的舰身都呈外飘形状。不过，仔细比较一下就会发现，护卫舰的上层建筑物比驱逐舰上的低一些，布局相对简单一些，舰桥居于中间位置。就吨位来比较，护卫舰比驱逐舰小一些。过去几十年中建造的护卫舰，排水量在500～3000吨之间。但近年来建造的新型护卫舰排水量显著增加，有的超过了4000吨。

为什么称护卫舰为“海上保护神”？

护卫舰是以执行海上警戒、护卫为主要作战任务的一种中小型水面战斗舰艇，多用于近海沿海地区的海上防卫，并为商船和后勤编队护航，同时也可参与水面舰艇编队的协防、警戒，因而被称为“海上保护神”。

为什么说轻型护卫舰和重型护卫舰各有千秋？

与驱逐舰向大型化方向发展的情况不同，护卫舰呈两极化发展状态，一方面吨位越来越大的重型护卫舰不断涌现，另一方面吨位小的轻型护卫舰建造势头不减。轻型护卫舰（排水量 700 ～ 2000 吨）的武器装备以火炮为主，并可根据反潜、反舰和防空需要，配备一种导弹。由于吨位有限，续航力小，因此它主要用于近海和沿海地区作战。重型护卫舰（排水量 2000 ～ 4000 吨）的武器装备强大，一般配有对舰和防空两种导弹，并且大多搭载直升机。它主要用于海上舰艇编队的防空、反潜协同作战，同时也可单舰完成各种攻击和防卫作战任务。因此说它俩是各有优势。

两栖作战舰艇家族有哪些成员？

两栖作战舰艇是专门用于登陆作战的舰艇的统称，可以分为：具有抢滩登陆能力的登陆舰艇，吃水较深、装载量大、不能直接抢滩登陆的两栖运输舰，用于运载登陆兵、武器装备、物资、车辆、换乘直升机和登陆艇实施登陆的两栖攻击舰，专门用于对登陆编队实施统一指挥的两栖指挥舰，以及为登陆实施火力准备或火力支持的两栖火力支持舰。

为什么说船坞登陆舰名不副实？

船坞登陆舰虽有登陆舰之名，但实际并不能登陆，而是作为战力投送单位，来投送直升机、登陆艇、气垫船、冲锋舟之类的战斗武器，因此就本质来说，它应该是运输舰。其船舱处于半吃水状态，内有一个或两个巨大的坞室。一般，在舰尾部有一活动水闸，水闸打开，舰尾部分沉入海水中，装载的登陆艇或两栖车辆可从坞室驶出。舰上设有直升机平台，可实施舰载直升机登陆作战。现代船坞登陆舰的满载排水量一般在万吨左右，航速30～40千米/小时。

船坞登陆舰

072-II型
(北约称改型"玉康"级)
大型坦克登陆舰

坦克登陆舰是怎样登陆和退滩的?

登陆时，坦克登陆舰直接向沙滩冲击。冲到海滩上后，打开艏门,坦克和步兵进行登陆。当卸完装备后,整个舰就变轻了。这时，如果滩头上的海水很充足，就可以靠螺旋桨倒车，即反着转，退到海洋中；但如果海水不足，就不能靠倒车来退滩了，这时必须先向舰上压水舱中注海水，增加舰的重量。由于海滩都是倾斜的大坡，舰体重了，自然会在重力作用下倒退，从而滑下水，这时再配合使用螺旋桨倒车，很快就会退回海洋中。

为什么说气垫登陆艇是理想的登陆工具?

气垫登陆艇主要是利用船上的大功率风机，向艇底吹入高压空气，使艇底与水面或地面之间形成气垫，将艇体托离水面或地面，来实现高速航行。由于它具有良好的通过性，受潮汐、水深、雷障、抗登陆障碍及近岸海底坡度、底质的限制小，因而可在全世界70%以上的海岸实施登陆作战，而排水型登陆艇只能在全世界17%的海岸线登陆。所以，它被视为运载兵员登陆的理想工具。

两栖攻击舰是在什么样的作战要求下诞生的？

两栖攻击舰诞生于20世纪50年代。当时，美军提出了登陆战的“垂直包围”理论，要求登陆兵从登陆舰甲板登上直升机，飞越敌方防御阵地，在阵地后降落，并投入战斗。这样可避开敌反登陆作战的防御重点，并加快登陆速度。两栖攻击舰便是在这种作战思想指导下产生的新舰种。因此，它的外形与航空母舰有点像，有从艏至艉的飞行甲板，甲板下有机库，还有飞机升降机。同时，舰上装备了众多直升机和数架战斗机。

为什么说通用两栖攻击舰更适用于现代两栖作战？

20世纪70年代初，美国建造了一种更先进、更大的登陆舰艇，称通用两栖攻击舰。它实际是集船坞登陆舰、两栖攻击舰和运输舰于一身的大型综合性登陆作战舰，舰上既有飞行甲板，又有坞室，还有货舱。以往运送一个加强陆战营进行登陆作战，一般需要动用船坞登陆舰、两栖攻击舰和两栖运输舰，而一艘通用两栖攻击舰就可替代它们完成任务。因而，通用两栖攻击舰成为现代两栖作战的重要组成部分之一。

布雷舰

布雷舰艇是如何布雷的？

布雷舰艇是专门用于布设水雷的水面战斗舰艇，包括远程布雷舰、基地布雷舰和布雷艇等。舰艇上设有专门的水雷舱、引信舱、升降机、温湿度调节装置和布雷操纵台等。在舰尾甲板上设有2～4条雷轨，水雷布放前在雷轨上做最后准备。布放时，水雷在雷轨上经链条输送机和布雷斜板，按一定的时间间隔投布入水。舰艇上还装备有较完善的导航设备，以保证布设水雷的精确位置和水雷间隔。

扫雷舰艇与猎雷舰艇有什么区别？

扫雷舰艇作业时不需要探测水域中是否确实有水雷或者水雷的精确位置，仅需航行于需要清扫的水域，在船身后方拖曳各式除雷用具，包括除雷索或音响／磁性扫雷具等，将遇到的水雷予以摧毁。与扫雷舰艇不同的是，猎雷舰艇具有侦测水雷的能力。猎雷舰艇利用大功率声呐来发现水雷，标定其精确位置并完成识别，接着潜水人员或遥控载具在水雷附近放置炸药，逐个将其引爆。

扫雷舰

水雷

航空母舰是如何诞生的？

航空母舰的诞生与一个梦想有关。1909 年，一位致力于飞行事业的法国人克雷曼·阿德，第一次向世界描述了“飞机与军舰结合”这个迷人的梦想。他在当年出版的《军事飞行》一书中，首次提出航母的基本概念和建造航母的初步设想。但令人遗憾的是，他的设想没有引起法国重视，相反被美国人所关注。1910 年 11 月，美国飞行员凯利驾驶飞机从“伯明翰”号巡洋舰改装后的甲板上成功起飞，实现了飞机从军舰上起飞的梦想。虽说美国在技术上率先突破，但将航母梦想变成现实的却是英国。1917 年，英国军方对意大利商船“库帝罗索”号的船体进行改造，建成了世界上第一艘直通型平坦飞行甲板的“百眼巨人”号航空母舰，它才是第一艘真正意义上的现代航母。

为什么把航空母舰称作“浮动的海上机场”？

航空母舰，简称航母，是以一定数量的舰载飞机为主要武器并作为其海上活动基地的大型军舰，搭载战机少则数十架，多则近百架。与其他军舰相比，航空母舰是一个超级巨无霸，其中最显眼的部分就是拥有一个供飞机起飞降落用的飞行甲板，面积比一般军舰的大几倍甚至十几倍，仅在右舷处有一很小的岛状上层建筑。这种好似陆上飞机场跑道的构造，使舰载飞机也能在航空母舰上起降。航空母舰因此被称为“浮动的海上机场”。

航空母舰是怎样分类的？

依舰载机的情况，航空母舰分为专用和多用途航空母舰。专用航空母舰可分为攻击型航空母舰、反潜航空母舰。攻击型航空母舰主要载有战斗机和攻击机，反潜航空母舰载有反潜直升机。多用途航空母舰既载有直升机，又载有战斗机和攻击机。航空母舰按满载排水量大小，可分为大型航母（排水量在6万吨以上）、中型航母（排水量在3万～6万吨）和小型航母（排水量在3万吨以下）；按动力装置，可分为核动力航空母舰和常规动力航空母舰。

为什么航空母舰上能起降那么多飞机？

尽管航空母舰拥有足够大的飞行甲板，但与陆地机场相比，它的飞行甲板还是太小了。尽管如此，舰上装载的飞机却比一般陆地机场上的飞机多得多，而且起降方便。原来，这得益于航母有五大“法宝”，它们是斜角甲板、升降机、弹射器、助降系统和拦阻索。斜角甲板由直通飞行甲板和斜角飞行甲板组成。直通飞行甲板在舰的前部，专供飞机起飞用，上面装有 2 座弹射器。弹射器的作用像大弓一样，能将飞机射出去，使它在 60 米左右的距离加速到起飞速度。直通飞行甲板的前端伸出两个像山羊角似的长条，叫回收角，它的周围设有尼龙网，用来回收飞机弹射后所抛下的拖索。斜角飞行甲板位于直通飞行甲板的左侧，与舰艇首尾中心夹角为 6°～13°，上面装有拦阻索，供飞机降落时用。降落时，飞机在助降系统的帮助下先登上甲板，然后被拦阻索阻拦滑行一段不长的距离后才停下来，最后被拖到停机区，或者拖入升降机中进入机库。

为什么通常在航母甲板上看不到飞机？

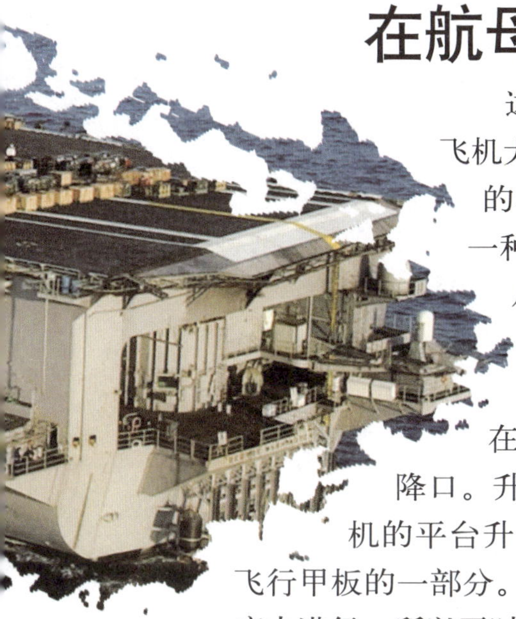

这是因为，除了战斗航行外，航母的飞机大部分时间都存放在机库内。航母机库的布置大致有两种格局：一种是双层的，一种是单层的。飞机是依靠专用的升降机从机库提升到甲板上的。升降机与一般的电梯结构类似，不同的是升降机没有电梯间，靠一个平台运送飞机。在航母飞行甲板上有一个开口，称为升降口。升降机的平台与升降口大小相等。升降机的平台升至升降口时，与飞行甲板齐平，成为飞行甲板的一部分。由于飞机的维修、保养和加油都在机库内进行，所以平时很难看到甲板上排列着飞机。

为什么飞机在航空母舰上有不同的起飞方式？

这主要是由飞机的不同性能决定的。航母上装备有各种飞机，有的可以垂直起飞，有的必须滑跑起飞，有的则需要弹射才能达到升空的速度，因此飞机就具有垂直起飞、滑跑起飞和弹射起飞三种起飞方式。选择垂直起飞的飞机，其发动机的喷口向下，利用发动机推力产生的反作用力向上实现起飞，如直升机。滑跑起飞是飞机利用甲板结构，同时借助风力滑跑加速实现起飞的。弹射起飞为多数舰载机使用。起飞时，飞机借助航母上的弹射器实现飞机的加速，达到升空速度。

为什么舰母编队作战威力大？

航空母舰可以说是水面舰艇中作战能力最强的舰种。这种以飞机为基本作战兵器的大型舰艇必须与其他性能的舰艇结合在一起，才能构成完整的、攻防合理的作战单位。一支航空母舰编队通常以一艘大型航空母舰为核心，再加上 6 ～ 10 艘警戒舰（巡洋舰、驱逐舰、护卫舰等）组成，有时还配有核动力潜艇和大型综合补给军舰。它们构成一个攻防兼备的综合武器群体，既有强大的威慑力和攻击力，又有严密的自身防御能力和很强的生存能力，在对付来自空中、海面、水下、岸上各种武器威胁的同时，能有效地完成作战使命。因此说，航母舰艇编队是最有威力的海军作战兵力。

航空母舰上为什么不配备除飞机之外的其他武器？

航空母舰的武器就是它所运载的各种军用飞机。航母的战斗逻辑是用飞机直接把敌人消灭在距离航母数百千米之外的领域，没有一种舰载雷达的扫描范围能超过预警机，没有一种舰载反舰导弹的射程能超过飞机的航程，没有任何一种舰载反潜设备的反潜能力能超过反潜飞机或直升机，飞机就是最好的进攻和防御武器，所以无需再配备其他进攻性武器。不过也有例外，苏联的航母就同时装备有远程舰舰导弹。

为什么航空母舰上的人穿着五颜六色的衣服？

航空母舰上的工作人员着装分明，色彩各异。这主要是和航空母舰的工作环境和其自身的工作内容有着重要关系。航空母舰的甲板面积有限，而各种不同职责的人又相当集中，为了保持工作秩序，也为了便于识别和统一管理，让担负不同任务的人穿上不同颜色的服装，这样在一定程度上提高了工作效率，也减少了事故发生。

航空母舰能潜到水下航行吗？

事实上，潜水航空母舰很早就问世了，德、日、英、美、法等国都曾经制造过。1941 年 12 月 8 日，在珍珠港空袭事件后，日军就曾动用了潜水航空母舰——“伊尔 400”，神出鬼没般地出动过几架飞机，骚扰了美军的基地。由于这种潜水航空母舰载机相当少，不能形成较强的战斗力，所以没有被重视。20 世纪 70 年代以后，伴随着对航空母舰生存能力要求的提高，潜水航空母舰再度成为发展对象。目前，英国、美国等均对潜水航母的可行性做了大量论证和一些关键性试验。相信不久的将来，潜水航空母舰会再次登场，成为海空战场上的新霸主。

目前，拥有航空母舰的国家有哪些？

21 世纪初，世界上一共有 10 个国家拥有航空母舰，分别是阿根廷、法国、意大利、俄罗斯、西班牙、巴西、印度、泰国、英国和美国。目前，在役的航空母舰有 20 多艘。美国拥有世界上最多的和最大的航空母舰。

"尼米兹"级航空母舰

堪称世界航空母舰之冠的是谁?

"尼米兹"级航空母舰是目前世界上吨位最大、在役数量最多的一级核动力航空母舰,是美国第二代核动力航空母舰。其首制舰于1975年服役,迄今共服役10艘。该级航空母舰满载排水量在91000吨以上,从第5艘起由于加装了几千吨重的装甲防护板,使其满载排水量增至102000吨,成为世界上有史以来最大的军舰。由此看来,世界航空母舰之冠的殊荣非"尼米兹"级航空母舰莫属。

史上最短命的航空母舰是哪艘?

日本的"信侬"号航空母舰是当时世界上最大的航空母舰,它是由"大和"级战列舰第3艘改建成的,排水量达6.2万吨。1944年11月29日,"信侬"号在濑户内海进行试航时,不幸被美军"射水鱼"号潜艇发现,并被其放出的四枚鱼雷击中,海水迅速把未安装水密舱门的"信侬"号舰体灌满。该舰当晚沉没,成为历史上最短命的航空母舰。

潜艇为什么被称为“水下杀手”？

潜艇是一种能潜入水下活动和作战的舰艇，也称潜水艇，是海军的主要舰种之一。潜艇之所以能够发展到今天，是因为它具有以下特点：能利用水层掩护进行隐蔽活动和对敌方实施突然袭击；有较大的自给力、续航力和作战半径，可远离基地，在较长时间和较大海洋区域甚至深入敌方海区独立作战，有较强的突击威力；能在水下发射导弹、鱼雷和布设水雷，攻击海上和陆上目标。因此，它被人们称为“水下杀手”。

最早的潜艇是什么样的？

1578 年，英国人威廉 · 伯恩出版了一本关于潜艇理论的书。1620 年，荷兰一位名叫科尼利斯 · 德布雷尔的物理学家，根据伯恩的理论研制了一艘世界上最早的潜艇——“隐蔽的鳗鱼”。这艘潜艇可装载 12 名水手，用桨推进。船体用木框做成，外面蒙着涂了油的牛皮，能下潜到水下 15 英尺 (4.57 米) 左右。船体内装有作为压缩水舱的羊皮囊。下潜时往羊皮囊中注水，上浮时则将水从羊皮囊中挤出。

现代潜艇的模样为什么那么怪？

现代潜艇的外形看上去很像水滴。许多国家都把“水滴形”规定为设计潜艇的标准外形，因为这种形状的潜艇在水中所受到的阻力最小，可提高航行速度。有时考虑到其他因素，比如为了有利于潜艇在水面上航行，为了潜艇能更多装载设备和物资等，还特意把潜艇设计成其他类似的形状，如鲸形、拉长了的水滴形等。

潜艇的外形与性能有什么对应关系？

潜艇通常采用 4 种艇形：一是流线型，它是由水面舰艇演变来的，艇体细长，长宽比通常为 11 ～ 12∶1。这种艇体外形一般适用于常规潜艇。二是水滴形，它形似一滴水滴，艇首粗而圆，艇尾细而尖，长宽比为 7 ～ 8∶1，是 20 世纪 50 年代以后发展的一种新艇形，主要特点是流体阻力小，是适合长期水下航行的攻击型核潜艇。三是拉长了的水滴形，这种艇体较长，适合在中部装载导弹，所以常用于弹道导弹核潜艇。四是鲸形，艇首类似流线型艇体，其余部分类似于水滴形艇体，主要适用于常规潜艇。

潜艇为什么要穿厚“外衣”？

现代潜艇都要穿上一层厚厚的黑色“外衣”，这层衣服的学名叫消声瓦。消声瓦是随现代吸声材料的发展而逐渐成熟起来的一种新型潜艇隐身装备。它的工作机理其实很简单，即通过结构设计，使进入消声瓦内的声波波形发生改变，让声能转化成热能被消耗掉，从而使反射回去的声波能量大为降低，达到急剧减少被主动声呐探测的目的。另外，它还能阻止内部噪声向艇外辐射，抑制艇体振动，降低潜艇产生的噪声。

为什么潜艇要有耐压和非耐压的构造？

这是因为潜艇既要保证在水中的水密性和坚固性，又要保证在水下行驶的高速和易操作性。潜艇的艇体由耐压壳体和非耐压壳体构成。耐压壳体为圆柱体和截头圆柱体构成的钢质固壳，它的主要作用是能够在水下承受外部海水压力，保证艇员的正常工作和生活。非耐压壳体为包围固壳并构成潜艇外形的外壳，一般都呈良好的流线型，以减小水下运动时的阻力和保证良好的操纵性。

为什么潜艇在水中能上能下？

现代潜艇在船舷空间设有很多在左右舷呈对称分布的主压载水舱，并分为首、中、尾三个部分。潜艇下潜时，先打开首、尾主压载水舱的通海阀注水，然后再打开中部的注水阀。水注满后，艇的重量增加，重量大于浮力，潜艇就下潜。上浮时，按中、首、尾的顺序用高压空气排出水，潜艇就变轻了，自然也就浮起来了。

潜艇为什么不惧风暴？

当海上发生风暴时，航行的舰船都要躲到平静的港湾避难，但潜艇却是例外，它只要潜得深一些，依然能来往自如。原来，当海面波涛翻滚时，海下一定深度的地方却是个平静的世界。海面的波浪向下传播时，会随着深度的增加急剧减弱。实验证明，波浪向下传播的深度每增加波长的九分之一，波高就减少一半；在深度等于半个波长的地方，波高还不到原来的 5%；在深度相当于一个波长的地方，波高就只有原来的 0.2%。所以，在海面 200 米以下的地方，海水经常是平静的，潜艇在那里航行很安全。

潜望镜常配备于潜水艇和坦克内，用来观察敌情。

潜艇都有哪些“眼睛”？

潜艇到水下航行，下潜得越深，能直接看到的距离就会越近。不过，潜艇有一系列特殊的“眼睛”，它们就是潜望镜、雷达、声呐等。行驶在水面上时，用雷达天线来获取敌舰的位置、运动参数、大小、形状等有关信息。浅潜（约距离水面 8～10 米）时，将潜望镜伸出水面，观察海上敌情。深潜时，则依靠声呐发现水面舰艇和水中的其他潜艇。艇上配备的声呐有主动式和被动式两种：主动式声呐是由发射机在水中发射声信号，声信号遇到目标后反射回接收机，从而确定目标；被动式声呐是专门接收目标发出的噪声或声信号，根据方向和时间来计算确定目标距离。

为什么潜艇里的人在水下不会被“憋死”？

为了能保证潜艇舱室内的氧气供给，潜艇上安装了氧气再生药板、氧气瓶与电解制氧设备。所谓氧气再生药板，就是一片片涂有氧化钠的薄板，放入氧气再生装置里发生化学反应，就可以吸收二氧化碳，释放出氧气。氧气瓶里的氧气是经过压缩的，一般可供潜艇里的艇员使用 90 天。电解制氧是用电解海水的办法来制造氧气，这要消耗电能，因此，一般不用这类方法。

潜艇内部

为什么潜艇在水下发射导弹时不会进水？

潜艇在水下时，潜射导弹装在导弹发射管内。导弹的发射管上有两个盖，前盖是导弹的出口，后盖与潜艇舱室相通。两个盖子之间设有安全互锁机构，其作用是保证前盖开启时后盖不能开启。导弹发射后，海水会涌入管内，但不会通过后盖进入潜艇舱室。发射完毕后，可通过液压或手动装置关闭前盖，并通过阀门将导弹发射管内的海水排放到潜艇补重水舱内，以补充导弹发射后潜艇失去的重量。

为什么核潜艇的性能优于常规潜舰？

核潜艇是由核动力装置来提供动力的，常规潜艇则是以柴油机—蓄电池作为动力源的。常规潜艇在水面航行时靠柴油机推进，在水下航行时靠蓄电池放电驱动电机推进。由于核装置释放的能量大，且持续时间很长，因而核动力潜艇推进器的功率极大，航速普遍高，一般都在 25 ～ 35 节，最高达 40 节左右，而常规潜艇一般在 30 节以下。核潜艇在水下逗留的时间长，可连续滞留 60 ～ 90 昼夜，而常规潜艇经常要浮到水面充电，水下全速仅能维持一个小时。此外，与常规潜艇相比，核潜艇还具有装载武器多、攻击威力大、自给能力强和艇员居住性能好等特点。

世界上第一艘用于战争的潜艇叫什么？

世界上第一艘用于战争的潜艇是“海龟”号，它是由美国发明家戴维·布什内尔在1776年美国独立战争期间制成的，其外形像蛋，艇上装有水雷和鱼雷。虽然这艘潜艇多次企图攻击英国舰队都没有奏效，但它进行了世界上第一次水下攻击。

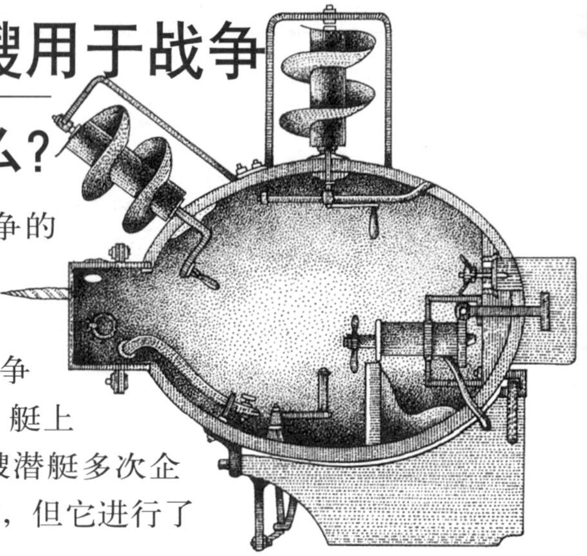

“海龟”号潜艇的原理图

世界上第一艘核潜艇是哪艘？

美国的“鹦鹉螺”号攻击型核潜艇是世界上第一艘核潜艇。该潜艇的排水量为4250吨，装有6具鱼雷发射管。由于采用了核动力，潜艇各个方面的性能都有所提高，被誉为潜艇发展史上的重要里程碑。1955年，“鹦鹉螺”号第一次出海航行。1958年，这艘核潜艇从夏威夷出发，经北极到达英国，成为在北极圈冰盖下航行的第一艘核潜艇。

“鹦鹉螺”号核潜艇

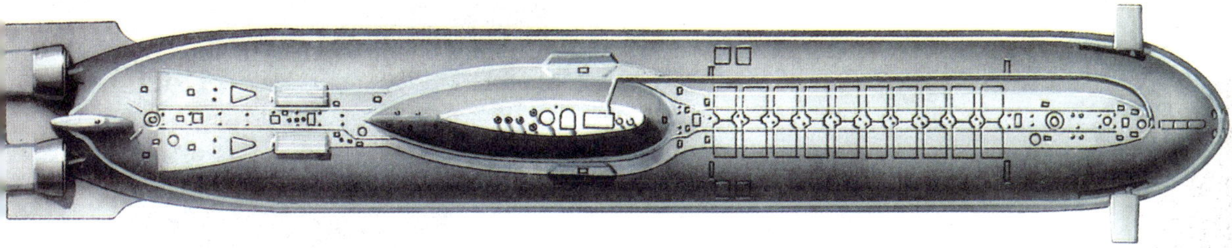

世界上排水量最大的潜艇叫什么?

“台风”级弹道导弹核潜艇

俄罗斯制造的“台风”级弹道导弹核潜艇，是目前世界上排水量最大的潜艇，首艇于 1977 年开工，1980 年服役，现共有 6 艘。该级艇长 171 米，宽 25 米，吃水 13 米，水上排水量为 21500 吨，水下排水量为 26500 吨；水上航速 19 节，水下航速 26 节，下潜深度 300 米。

世界上吨位最小的核潜艇叫什么?

“红宝石”级攻击潜艇

法国的“红宝石”级攻击潜艇，是世界上吨位最小的核潜艇，但远航能力和攻击能力都很强，而且易于操纵。该级艇长 72 米，宽 7.6 米，吃水 6.4 米，水下排水量 2670 吨，水下航速 25 节，下潜深度 300 米。首艇于 1976 年 2 月开工，1979 年 7 月下水，1983 年 2 月服役，到 1993 年首批建造 6 艘。

水雷

水雷和鱼雷有什么区别？

水雷和鱼雷都是战争中对付舰艇的炸弹。水雷多是球体，通体遍布触发器，一般由布雷舰布设于河流或海上某一区域。当过往的舰艇从水雷身旁经过时，水雷上的引爆装置就把水雷引爆，把舰艇炸坏。它主要用于防御，用来封锁海上防线，阻碍敌方舰艇进入某一区域。鱼雷的雷身形状似柱形，头部多呈半圆形。与水雷不同的是，鱼雷属于进攻型的，自身带有强有力的推进器，能像鱼一样在水中追逐敌舰。鱼雷是贮放在鱼雷舰艇上的，瞄准目标后才把鱼雷发射出去，攻击敌方舰艇。

鱼雷

为什么鱼雷对舰艇的破坏力特别大？

水与空气不同，水是不可压缩的，所以水成为鱼雷爆炸时能量的良好传导体。鱼雷装有几百千克高效炸药，它们在水中爆炸比等量炸药在空中爆炸所产生的威力大得多，瞬间便形成强大的冲击压力波，一下就能击穿舰艇的水下部分。而舰艇的水下部分被鱼雷破坏后，大量海水便会立即涌进舱内，很容易使舰艇沉没。

为什么鱼雷能自动追踪目标？

鱼雷能够自动追踪目标，是因为它具有像导弹那样的制导能力，因此又被称为“水中导弹”。鱼雷的制导方式很多，主要有：声导鱼雷，即鱼雷向着目标发射后，鱼雷上的声呐发射装置会朝着目标方向发射声波，再由声呐接收装置接收目标对声波的反射波，从而锁定鱼雷的行进方向，由此制导；线导鱼雷，即在攻击过程中通过一条导线将攻击指令即时传送至鱼雷自带的系统；尾流自导，即追随舰艇行驶时所留下的尾流进行攻击；热导，即发现目标散热源后进行攻击；磁导，即根据目标自身的磁场进行攻击。

深水炸弹是如何引爆的？

深水炸弹是靠水压引信在预定的深度爆炸的。炸弹入水后，随着深度的增加，所受的水压也在不断增大。当达到一定深度时，水的压力会把炸弹引信中的弹簧压缩，从而引爆炸弹。深水炸弹在水中爆炸时产生巨大的冲击力，可将附近的潜艇艇体震破。

空战兵器之谜

军用飞机有哪些类型？

军用飞机是指直接参加战斗、保障战斗行动和军事训练的飞机。按用途，军用飞机主要分为：战斗机（歼击机、截击机）、攻击机、轰炸机、战斗轰炸机、反潜机、侦察机、预警机、电子战飞机、武装直升机、军用运输机、空中加油机、教练机、无人机等。

现代用于战斗的飞机都装备哪些武器？

现代直接用于战斗的飞机，一般都具有对地（或水面、水下）的攻击能力，所用武器可分为两类：一类是非制导武器，如航炮和一般炸弹；另一类是制导武器，如无线电遥控炸弹、激光制导炸弹、电视制导炸弹和空地导弹、空舰导弹等。

为什么作战飞机大多采用低空飞行？

现代的作战飞机大多采用低空飞行，主要是为了避免早早被雷达发现。这是因为雷达波只会沿直线传播，当受到高大目标阻挡时，目标背面将有雷达波照射不到的盲区。由于地球表面是起伏不平的，雷达波照射不到的盲区多，所以作战飞机低空飞行不易被雷达波搜索到，从而可以顺利地完成任务。像某些起飞重量超过 100 吨的轰炸机，突防高度可低至 150 米左右；强击机的突防高度为 50 ～ 100 米。

为什么作战飞机都采用后掠翼？

飞机是靠机翼所产生的升力飞上天的，所以机翼的形状和大小直接关系到它的飞行速度及起降距离。早期的飞机多为十字架形，有单翼机，也有双翼机，到二战时多为单翼机。战后以来，军方开始研制后掠机翼，并在此基础上又研制出梯形和三角形机翼。后掠翼能提高飞机的飞行速度，但产生的升力较小，因此飞机在起飞和着陆时需要较长的距离。为此，军方又研制了可变后掠翼，在起飞、着陆和巡航时，机翼在平直位置；要加大飞行速度时，机翼便后斜。目前，许多作战飞机都采用了变后掠翼。

为什么称战斗机为“空中霸王”？

战斗机主要是用来在空中歼灭敌机和其他空袭兵器的飞机。战斗机在过去根据执行任务的不同分为歼击机和截击机。战斗机的特点是：飞行性能优良，机动灵活，火力强大；装备中近程空空导弹和各种搜索、瞄准火控设备，能全天候攻击所有空中目标。因此，战斗机成为夺取制空权的主力机型，有了“空中霸王”之称。

歼击机

战斗机和歼击机是一回事吗？

战斗机的含义比歼击机要广，包括歼击机和截击机。另外，“歼击机”一词是装备苏制武器的国家对战斗机的旧式称谓。我国的战斗机都是以“歼 ×”来称呼的。随着西方多用途战机的兴起，以及战机设计的普及，现在人们多改以“战斗机”来称谓战机了。

歼击机和截击机有什么区别？

歼击机主要用于前线制空权的争夺，因此在设计时注重飞机的灵活性。而拦截歼击机，简称截击机，主要是用于拦截进入领空的敌方空袭兵器，如轰炸机、巡航导弹等，因此需要较快的速度，以便尽早赶上目标；需要较大的航程，能够长时间、长距离进行拦截作战；需要用较好的雷达，能够远距离发现敌机；还要能够制导本机装备的远程导弹，以攻击敌机。

截击机

为什么截击机的发展停滞了？

截击机的特点是具有快速反应能力，在接到警报后能立即起飞，迅速爬升、加速飞临指定空域，对目标实施拦截攻击，因此在设计上特别强调对速度与爬升率的需求。第二次世界大战结束后，鉴于原子弹的摧毁威力，许多国家一度将截击机视为与传统战斗机同等重要的机种。不过在导弹逐渐成熟并大量配备之后，截击机的特性往往可以经由传统战斗机加上导弹来满足。因此，现在的趋势是不再专门发展截击机机种，而是以现役的机种同时担负拦截的任务。

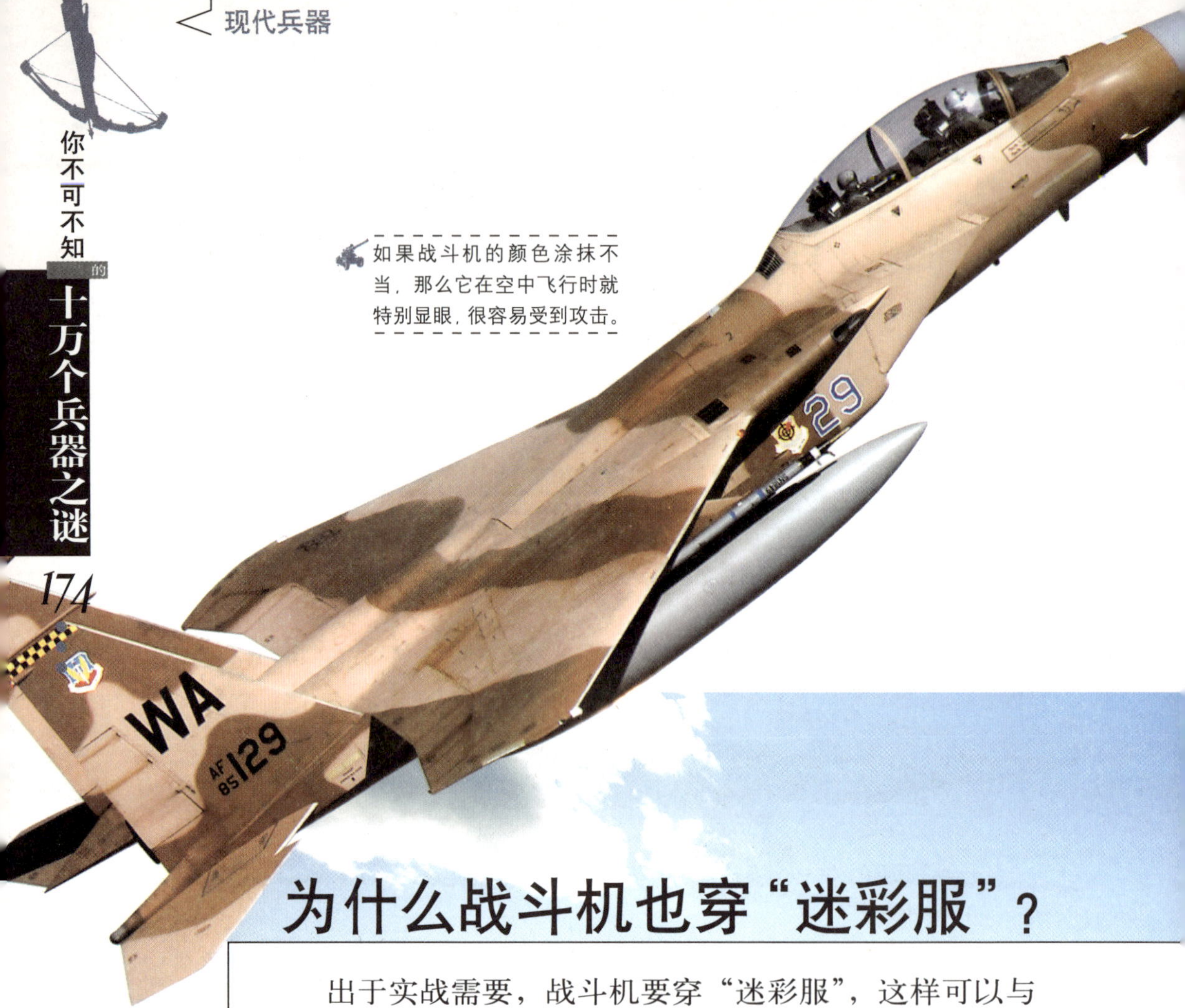

如果战斗机的颜色涂抹不当，那么它在空中飞行时就特别显眼，很容易受到攻击。

为什么战斗机也穿“迷彩服”？

出于实战需要，战斗机要穿“迷彩服”，这样可以与周围环境保持一致，来保护自己。一般来讲，在夏秋两季，战斗机常选绿色和土黄色来伪装自己，使敌人在高空中分辨不出停在地面上的飞机。在沙漠地区，战斗机的伪装色以黄色为主，所以非洲沙漠国家的空军战斗机背面大多涂成黄褐色。而在高空和海洋上空作战时，作战飞机则穿上浅灰色的“外衣”，这种冷色最容易迷惑对方飞行员的视觉。现在，还有科学家用涂彩的方法帮战斗机“穿”上由极不规则几何图形构成的“迷彩服”。这件乱糟糟的“外衣”会使敌机飞行员产生视差，将一架战斗机看成几大块别的东西，以此来迷惑敌人。

为什么战斗机的机头上有根细杆？

安装在战斗机机头前方的细杆其实是一根管，它是飞机的一个重要部件——测速管，学名叫全静压管。这根测速管就像动物的触角一样，用来探测周围的信息。飞机在高空中飞行时，飞行员要想控制飞行状态，就必须知道飞机的速度、高度以及空气的流速等一些相关数据。测速管的作用就是通过流经管内的空气压力变化来测定这些数据。由于战斗机飞行速度快，机头前方受气流干扰影响小，所以测速管被安装在机头上。

为什么不把战斗机的进气口放在背部？

对战斗机来说，外挂武器需要机腹部空间，那为什么还把进气口放在腹部或机身两侧，而不是背部？这是因为战斗机要做大动作飞行，必须具有足够的升力，为此需采用大迎角以产生必需的升力。此时，机身相对于气流来说是上迎姿态，而且要保证机翼相对于气流的迎角接近 20°。如果采用背部进气，在迎角状态下，仰起的机身就会对进气口起屏蔽作用，导致进气效率大减，进而影响发动机工作。因此，战斗机的进气口一般都放在腹部或机身两侧。

为什么喷气式战斗机的喷口喷火而客机的喷口却看不到火？

现在的客机和喷气式战斗机用的都是涡轮风扇发动机，发动机的工作原理完全相同，但二者的区别在于：民用涡轮风扇发动机追求的是经济性能，要求省油，而不追求大推重比、超音速性能，因此燃料利用效率高；而战斗机的发动机恰好相反，要求推重比大、高速性能好，而省油性能不重点考虑，并且还装有加力燃烧室，通过向发动机喷出的燃气中再次加注燃油而得到更大推力，这致使喷口出现火焰。而民用飞机没有该装置，所以不存在这种现象。

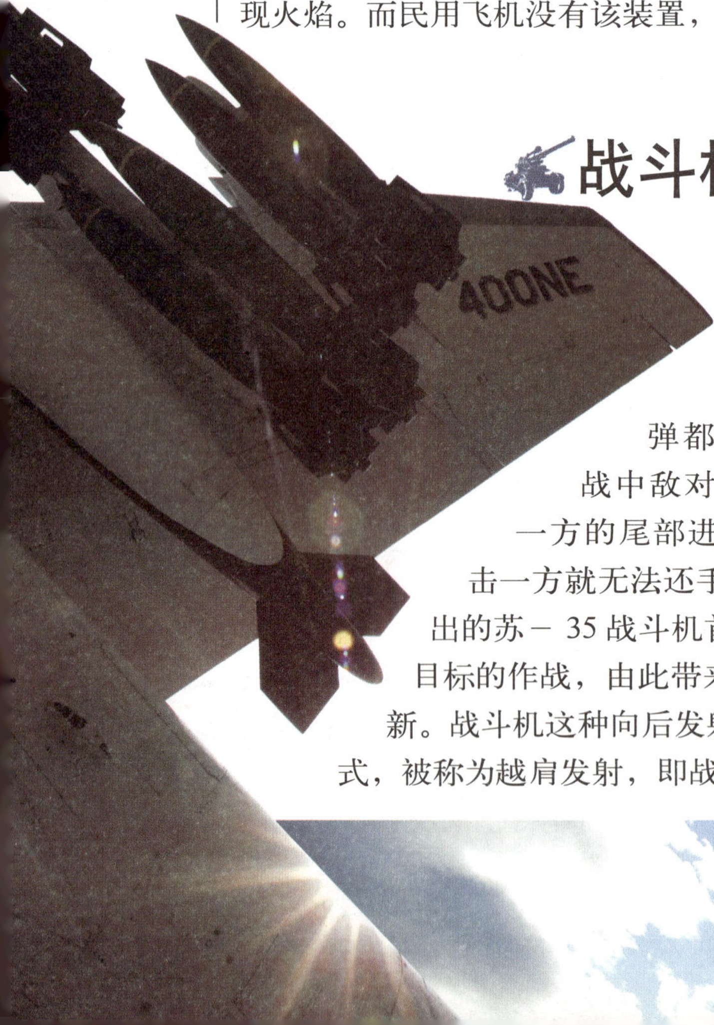

战斗机杀“回马枪”是怎么回事？

我们知道，战斗机上安装的导弹、航空炮弹都是向前发射的，所以空战中敌对双方常常是一方追逐另一方的尾部进行攻击，这样一来被攻击一方就无法还手了。1993 年，俄罗斯推出的苏－35 战斗机首次实现了可以攻击尾后目标的作战，由此带来了战斗机攻击模式的革新。战斗机这种向后发射导弹攻击对方飞机的方式，被称为越肩发射，即战斗机杀的“回马枪”。

战斗机为什么要“对暗号”？

在空战中，如何进行敌我识别非常重要，否则很容易发生误伤事件。于是，空战中的飞机要采取间谍接头对暗号的方式，来确定对方的真实身份。战斗机上这种“对暗号”的设备叫机载敌我识别器（IFF）。它与装备在己方其他飞机、舰艇、坦克和雷达站的询问机或问答机组成目标敌我识别系统。当收到己方询问信号时，回答机能回答一组编码信号，供问方识别。问答机除具有应答功能外，还能主动识别目标发出的询问信号。在作战飞机上，问答机通常与机载火控雷达协同工作。当火控雷达收到己方飞机的回波信号时，问答机也收到应答信号，在雷达显示器目标回波附近显示出识别标志。

美国F-117隐形战斗机

为什么有些战斗机能隐身？

这里说的“隐身”并不是指肉眼看不见战斗机，而是指对空警戒的雷达探测装置难以发现战斗机。雷达会发出高频电磁波射到物体上。物体把这个电磁波向各个方向反射，当然也有一部分反射回发射点（雷达），被雷达接收装置接收到。有些战斗机的表面制得好像平面一样，再加上用了吸波涂层，则表面反射的电磁波就好像平面镜反射光线一样，只朝着有限的几个方向反射，这样雷达很难接收到反射波，便发现不了飞机了。

最早的战斗机诞生在什么时候？

早在 1903 年，美国的莱特兄弟就发明了动力飞机。不过，飞机发明后很长一段时间都没有用于具体的空战，而只是用来执行侦察任务。1915 年，法国军方将莫拉纳—索尔尼埃 L 型飞机，装上一挺机枪和一种叫做偏转片的装置，使飞机真正具有空战能力。这时，世界上第一架真正意义上的战斗机正式宣告诞生。

F—22“猛禽”战斗机

世界上最先进的战斗机是哪个？

F－22“猛禽”战斗机为当今世界上最先进的战斗机，被美国空军誉为“皇冠上的钻石”。它是目前唯一一种投产的第四代超音速战斗机，具有高机动性、灵敏性以及良好的短距离起降性能，其最大的特点是隐身性好，不易被敌方雷达及红外线探测仪发现。它的武器挂在机身内隐藏了起来，作战性能优于目前任何一种现役战斗机。

F-16“战隼”战斗机

F-16“战隼”战斗机为什么享有“国际战斗机”之誉？

F-16“战隼”是美国空军轻型多用途战斗机，是与F-15重型战斗机搭配的机型，具有重量轻、外挂量大、机动性好、空战与对地攻击能力强等特点。该机自1978年投入美国军方使用以来已被大量出口，使用国家包括比利时、丹麦、荷兰、挪威、以色列、埃及、希腊、土耳其、巴基斯坦、韩国、泰国、新加坡等，而中国台湾省也有订购，这使得它享有“国际战斗机”之誉。

米格系列战斗机为什么都用奇数编号？

苏联飞机设计局都是有任务分工的，米高扬设计局专门设计前线野战的空战飞机，而苏霍伊设计局则设计制空战斗机以及有对地攻击能力的飞机。以偶数命名的军用飞机（除运输机以外）一般是用于对地攻击的，如苏-30、苏-32、苏-34。以奇数命名的军用飞机一般用于空战格斗。而米格系列战斗机正是用于空战格斗的，所以战机序列里都是奇数的编号，比如米格-3、米格-15、米格-17、米格-19、米格-21、米格-23、米格-29、米格-31、米格-35等。

“米格”战斗机

"鹞"式战斗机

"鹞"式战斗机是如何实现垂直起降的？

英国军方研发的"鹞"式战斗机是世界上最早实现垂直起降的喷气式飞机。它的发动机与一般喷气式飞机不同，能够产生垂直向上的推力和水平向前的推力。从外形上看，它的发动机很像一套连衣裤，前后各有 2 个喷口，这 4 个喷口可以同时转动。当飞机起飞时，4 个喷口同时向下偏转，直至完全垂直于地面，发动机燃烧产生的气流推力通过垂直喷口把飞机托起。飞机到了空中，飞行员便操纵喷口逐渐向后转动，此时便产生了一个水平的推力，飞机的重量便由机翼产生的升力支撑，发动机产生的推力推动飞机前进。飞机着陆时，当喷口完全垂直于地面时，飞机悬停在空中，没有前进动力，机翼上的升力随之消失，飞机的重量又完全由发动机产生的垂直推力来支撑。而后，飞行员开始关小油门，减少发动机供油量，垂直推力渐渐变小，飞机开始缓慢下降，直至最后着陆。"鹞"式战斗机的出现，结束了喷气式飞机只能依赖跑道起降的历史。

为什么称攻击机为“刺向地面的利剑”？

攻击机又称强击机，主要用于从低空、超低空攻击敌地面（水面）的中小型目标，对己方部队实施直接火力支援。它携带了威力强大的高性能对地（水）面攻击武器，另外在要害部位还安装了防护装甲，可以直接支援地面部队作战，摧毁敌方战役战术纵深内的防御工事、坦克、地面雷达、炮兵阵地、前线机场和交通枢纽等重要军事目标。总之，它是对地面目标发起攻击的飞机，所以被人们称为“刺向地面的利剑”。

A–10“雷电”攻击机

A–10“雷电”攻击机为什么被誉为“坦克杀手”？

A–10“雷电”攻击机是美军专门为攻击坦克而研制的，采用平直机翼、双垂尾、双发动机设计，具有很好的低空亚音速性能。机头下面有一门使用贫铀弹头的 30 毫米 7 管速射机炮。机翼下面还有 11 个挂架，可分别悬挂 MK–80 型炸弹 28 枚，“宝石眼”Ⅱ型集束炸弹 20 枚和若干子母弹布洒箱，6 枚“幼畜”型空地导弹和 2 枚“响尾蛇”空空导弹，4 具火箭发射架等。载弹量在 7 吨以上，相当于一个中型轰炸机的载弹能力。一次出动可摧毁 11 个装甲目标，是名副其实的“坦克杀手”。

什么是远程战略轰炸机？

大中型轰炸机也称中远程轰炸机，主要执行对敌后方政治经济中心、工业区、能源设施、交通枢纽、重要军事基地实施战略轰炸任务，能从根本上削弱敌方支撑战争的能力，会对战争全局产生影响，所以通常又被称为战略轰炸机。现代远程战略轰炸机大都是亚音速的，由于总重量很大，所以又叫重型轰炸机。

B-26战术轰炸机

什么是战术轰炸机？

战术轰炸机主要用来轰炸敌方前线阵地、供应线及战线附近的军事目标。由于重量比较轻，所以又叫轻型轰炸机。由于战术轰炸机主要对小点的目标进行攻击，以达到比较小的战术目的，完成的任务较小，所以从20世纪50年代中期起，各国已不再研制战术轰炸机，而以速度快、机动性好的歼击轰炸机来代替专用的战术轰炸机。

轰炸机为什么要和歼击机编队飞行？

因为轰炸机的速度慢、机动性差，如果遇到敌人的战机拦截，单机会很快被击落。虽然重型轰炸机装备有大量的机枪、航炮和球形炮塔，但是它还是不能以单机来对付大批的战斗机，所以重型轰炸机进行轰炸时还需要编队飞行。而歼击机是保卫制空权和轰炸机安全的主要机种，与轰炸机编队飞行，可以弥补轰炸机空中自卫能力差的劣势，从而更大限度地发挥整体战斗力。

为什么说B–52是“常青不老”的轰炸机？

一般来说，轰炸机的正常寿命在30年左右，但美国军方研制的B–52亚音速远程战略轰炸机自1955年启用以来，至今已服役达50多年，而且仍在服役。它虽老，但仍保持着航程远、载重量大和价格便宜等优势。而新一代轰炸机由于成本技术等问题，总不能完全替代它。而且，它“常青不老”的秘密就在于不断“旧貌换新颜”，更换先进的现代化设备和部件。如今，B–52已经过多次改进，导航与攻击精度大大提高，生存力得到加强，寿命延长至12000飞行小时，可挂巡航导弹、反舰导弹和短距攻击导弹，并在现代高技术战场上接连创造了战争佳绩。

B–52轰炸机

B-2“幽灵”轰炸机的外形为什么这么特别？

B-2“幽灵”是当今世界上最先进、最昂贵的隐身轰炸机，采用先进的翼身融合的飞翼构形，机翼前沿成直线，后缘成“W”形，没有垂直尾翼。整架飞机呈扁平流线型，看起来好似一只巨大的黑蝙蝠。该轰炸机的最大特点是隐身，而这种布局设计正是为了隐身，可大大减小雷达反射截面积。另外，机身采用石墨／碳纤维及其他先进的复合材料、蜂窝状雷达吸波结构，黑灰色涂层也是一种雷达波吸收物质。这些使得机身对雷达的反射面积缩减至 0.3 平方米左右，与一只不太大的鸟相当。

为什么说歼击轰炸机与攻击机的作战任务是不同的？

歼击轰炸机与攻击机在突防手段和空战能力方面具有显著的差异。攻击机的突防主要靠低空飞行和装甲保护，歼击轰炸机则主要靠低空高速飞行；攻击机一般不宜用于空战，而歼击轰炸机具有空战能力；攻击机用于突击地面小型或活动目标，比使用歼击轰炸机更有效。此外，攻击机可在野战机场起降，而歼击轰炸机一般需用永备机场。因此，执行空中战役战术纵深攻击任务一般都选用歼击轰炸机，而实施近距空中支援攻击任务则选用攻击机。

歼击轰炸机与轰炸机相比有哪些特点？

歼击轰炸机也称“战斗轰炸机”，是一种主要用于突击敌战役和战术纵深处的地面或水面目标，并具有空战能力的飞机。比起普通轰炸机，它的飞行速度比较快，能超音速飞行，因此具备良好的高速突防能力；有先进的火控设备，如制导炸弹、航空机关炮、核弹、火控雷达、激光测距机、微光夜视仪等，提高了打击精度；比轰炸机对机场的要求更低，1500 米的跑道就可以使用；机动性能比轰炸机高得多，与普通歼击机差不多，可以硬碰硬地对抗截击机。尽管歼击轰炸机有这么多的优点，但是它的载弹量比轰炸机要低一些，作战效能要差一些，因此不能完全取代轰炸机。可是因为它有歼击机的功能，所以它被各国军队大量装备。

F-111歼击轰炸机

AH–64“阿帕奇”武装直升机

为什么武装直升机的作战能力特别强？

武装直升机被视为是直升机家族中的“战斗机”。目前，武装直升机的飞行速度已超过了每小时 300 千米，比地面的坦克和装甲车快很多倍。武装直升机在发起攻击时，通常在中、低空飞行，甚至能穿行在山谷和高楼之间。由于它能适应各种地形，隐蔽性极强，因此比普通战斗机更加灵活机动，能迅速、突然地向目标发起攻击。另外，武装直升机上还装备了先进的电子设备，能大范围地捕捉目标，并进行昼夜全天候作战。在生存能力方面，武装直升机的飞行高度能达到 6000 米，可有效地躲避敌方的防空炮火。而且，机身采用的复合材料具有隐身和防弹能力。武装直升机所具有的上述特点，使得其经受了多次规模不等的局部战争考验，在战场上发挥了重要作用。

为什么武装直升机会有“第五空间的杀手”之名？

“一树之高”的空间，在军事上称为超低空，也有人称它为继陆地、海洋、天空和太空之外的“第五空间”。这一空间是地面警戒雷达探测不到的盲区，是防空导弹的死角。武装直升机能闯入这一空间发动突然袭击，所以它被称为“第五空间的杀手”。

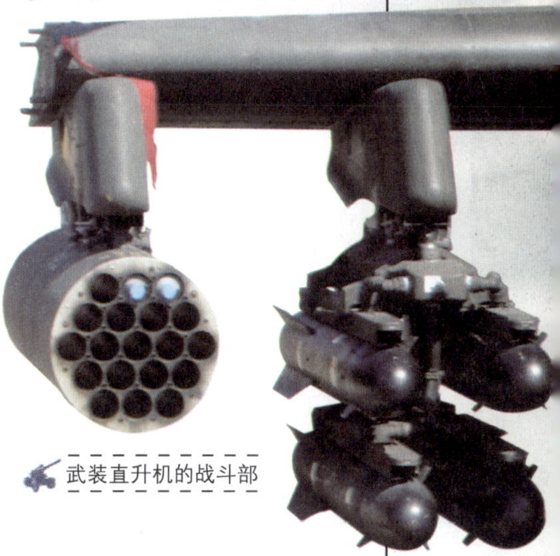

武装直升机的战斗部

为什么武装直升机成了坦克的克星？

武装直升机机动范围大、不受地形限制、视野广阔，与地面坦克相比，具有时间上的快速性和飞越障碍的高度机动性，因而能在十分广阔的战场上的任何指定地点迅速集中和展开，不失时机地对敌坦克兵团迅速做出反应和实施密集突击。另外，武装直升机具有火力强，适于低空、超低空攻击，能在机动和悬停状态中射击，单机出动快、使用灵活，战场停留时间短等特点，再加上携带有反坦克导弹、航空火箭和航空机关炮等射击精度高、破甲威力大的武器，所以能从空中以猛烈火力对敌坦克发起猝不及防的攻击。

反潜机是怎样实现反潜的？

反潜机是专门用来搜索和攻击潜艇的，载有专用的探测设备和作战武器。探测设备主要包括磁异常探测仪、声呐浮标、吊放式声呐、雷达、前视红外传感器等。当有潜艇通过它的下方海域时，磁异常探测仪上会有磁场变异的反应。声呐浮标需投放到海中，它能把水中潜艇发出的噪音变成无线电信号传回飞机；吊放式声呐利用吊放电缆将探头悬垂入水中，就可以“听”出潜艇的方位。雷达、前视红外传感器等，可搜索潜艇。发现潜艇时，反潜机先通过敌我识别系统辨别敌我，必要时再利用自身挂载的反潜导弹、深水炸弹、反潜鱼雷等火力攻击目标。

为什么反潜机能“嗅”出潜艇的气味？

原来，反潜机上装有类似“鼻子”作用的废气探测仪，它能在潜艇下潜三四个小时后“嗅”出潜艇的踪迹。由于常规潜艇使用的柴油机在航行时要排放废气，因此废气探测仪能以 5 次 / 秒的速度对海面上空的空气取样分析，分析空气中有无潜艇废气生成的碳氢化合物。为了发现核潜艇，反潜机还专门装备了另一种“鼻子”——核辐射探测仪。它能通过测定核潜艇排出的带有放射性成分的废气、废水来发现核潜艇。

美国SR-71“黑鸟”侦察机

为什么侦察机被称作“空中间谍”？

侦察机是专门用于从空中获取情报的飞机。20 世纪初飞机问世不久，在军事领域的第一项应用便是驾驶飞机从空中目视对方的兵力部署和运动情况，由此，侦察机有了“空中间谍”的绰号。后来随着技术的发展，人们在侦察机上装备了航摄仪、图像雷达、红外仪和电子侦察设备等，使飞机的性能不断改进，侦察能力日臻完善。如今，侦察机已成为现代战争中的主要侦察武器。

电子侦察机身上的许多鼓包是干什么用的？

电子侦察机是一种装有特种无线电设备，并依靠特种无线电设备来获取情报的专用飞机。它能发现离它几百甚至几千千米之外的目标，这主要得靠它身上那些像金鱼眼睛一样的鼓包，这些鼓包里装的是电子侦察设备、告警器用的天线。为了区分信号出现的方位，飞机的头部、尾部、腹部和翅膀附近都装上了天线，所以机身上的鼓包也就到处都是。

E-3“望楼”预警机

为什么预警机要背个大圆盘？

预警机是装有远程警戒雷达，用于搜索、监视空中或海上目标，并引导己方飞机执行作战任务的飞机。大多数预警机都有一个显著的特征，就是机背上有个大圆盘，那是预警雷达的天线罩，里面装有监视雷达天线和敌我识别天线。当预警雷达向周围发射强大的电磁波时，所有碰到电磁波的物体都有回波反射。预警机便针对不同目标，指挥引导己方飞机和导弹进行拦截，将其摧毁。

EF-111A是专用电子对抗飞机，主要执行远距干扰、突防护航和近距支援任务。

什么是电子对抗机？

电子对抗飞机是用于对敌方雷达、电子系统和无线电设备实施电子侦察、干扰和攻击的飞机，通常包括电子侦察机、电子干扰机和反雷达机。电子侦察机装备有电子侦察系统，通过对敌方电磁信号的侦收、识别、定位、分析和记录，来获取有关情报；电子干扰机装备有电子干扰设备，主要用于对敌方防空体系内的雷达和无线电通信等实施电子干扰；反雷达机装备有告警引导接收系统，主要用于袭击雷达和其他电子设备。

电子干扰机是如何扰乱“视听”的？

电子干扰机是用攻击机改装而成的，它的垂直尾翼上装有一个雷达天线，并用罩子罩住；在翼下原来挂导弹和炸弹的地方换上了电子对抗设备舱，里面装有金属箔条。该机能辐射强大的电磁波，来干扰敌方通信网；当机上撒出无数金属箔条时，那些箔条在空中四处飞舞，反射敌方的雷达波束，使敌方雷达上布满雪花点，失去探测能力。

舰载飞机与陆基飞机有何不同？

舰载飞机是以航空母舰或其他特殊舰只为降落基地的飞机。与陆基飞机相比，舰载飞机重心低，抗倾倒能力强，具有更好的起降性能、较低的着舰速度、良好的低速操纵性；由于需借助舰上的弹射器起飞，舰载飞机的结构更为坚固，起落架的减震性能更好，能承受得住冲击；多数舰载飞机的机翼可在停放时向上折叠，有的机头和垂直尾翼还可折转，这是陆基飞机所没有的；舰载飞机上还有系留装置，可系留在舰上，防止舰船剧烈摇摆时飞机翻倒。

舰载飞机

军用无人机是如何起飞与降落的？

无人机就是无人驾驶飞机或飞行器的简称，用到战场上时可以侦察敌情，有些先进的还可以携带导弹，对地面目标发起攻击。无人机起飞的方式有多种，可采用空中投放，利用大型飞机（母机）把无人机携带到空中，到指定空域后发动无人机的发动机，然后将它投放；也可采用弹射起飞，先将无人机装在发射架上，然后借助火箭、高压气体或橡皮绳将它弹射出去，使它飞上天；也可采用滑跑起飞方式，这与有人驾驶的飞机类似，只是发动机启动后，要由地面操纵员通过遥控设备操纵无人机在跑道上滑跑起来。至于无人机的降落，比起飞要难得多，可采用降落伞回收、利用母机从空中回收、遥控着陆回收及利用拦阻网回收。

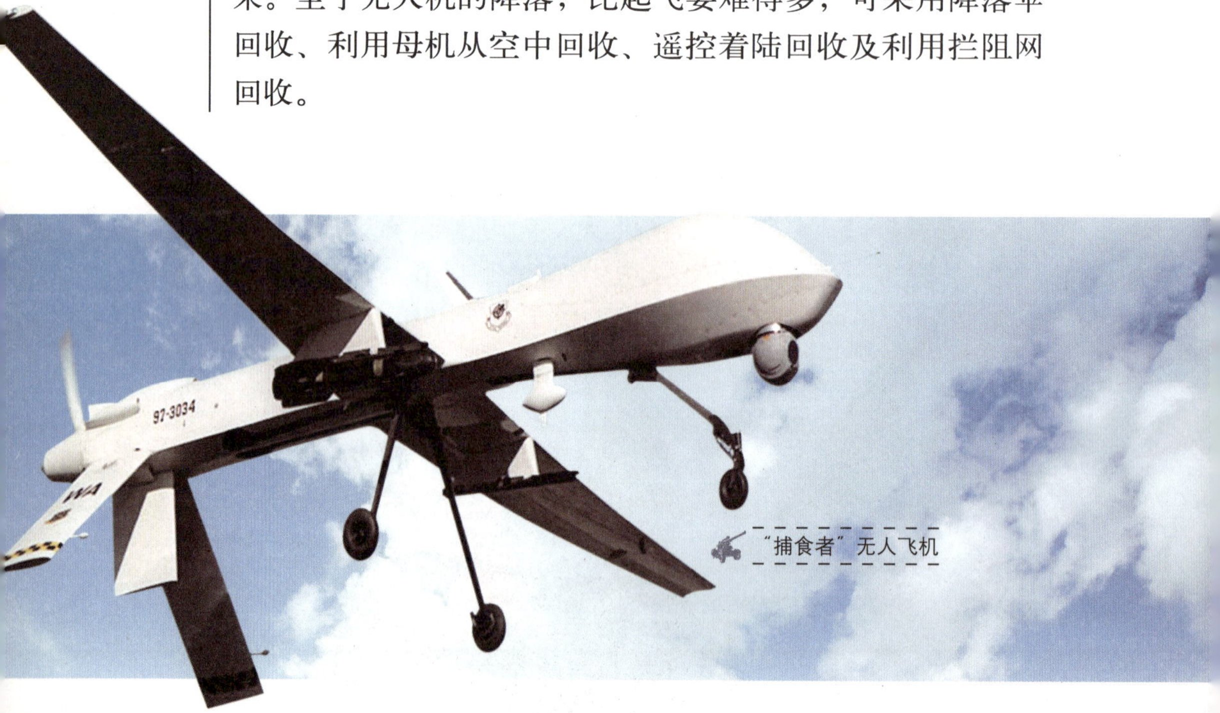

“捕食者”无人飞机

空中加油机

是怎样实现空中加油的？

空中加油机一般由性能良好的客机改装而成，内部有容量极大的油箱，通过管道把燃油输送给受油机。受油机的受油口一般在机背或机颈。加油过程一般分四步：一是加、受油机按照双方约定方式会合，受油机进入受油位置，双机高度差保持在60米左右；二是将受油管与输油管对接；三是将加油箱内的油经输油管输往受油机油箱，由于此时机身重量会变化，所以两机必须随时调整飞行速度和姿态，以保证顺利实施加油；四是受油完毕后，各加油开关自动关闭，对接机构在拉力的作用下脱落。

为什么水上飞机能从水面起飞？

水上飞机指能从水面起飞和降落的海军飞机，它的独特之处在于机身庞大得像船体或起落架变成了浮筒，这使它可以浮在水面上不会下沉。起飞时，机上螺旋桨发动机产生的力，就会拖着机身以相当快的速度在水面上滑跑。伴随着速度不断增加，机翼上产生的升力慢慢克服了飞机的重力，从而把飞机从水面上逐渐托起来，成为在空中飞行的“航船”。而在完成空中任务之后，它自然也要重返水面，又成为一只可以在水上滑跑的航船。根据这一特点，有人也把它叫成水上飞船或飞机巡洋舰。

美国的原子弹“胖子”是人类历史上至今为止最后一次使用的核武器。

大规模杀伤性武器及新武器之谜

为什么核武器的威力比普通弹药要大得多？

普通弹药装的都是化学炸药，通过爆炸形成的气浪、弹片来造成对目标的杀伤破坏。由于气浪和弹片作用的距离有限，故杀伤半径仅为十几米，至多在百米范围内。核武器则不同，它装的是核装药（裂变装药）铀 235、钚 239 或热核装药氘、氚和氘化锂等，爆炸释放的能量是由瞬间的核裂变或核聚变产生的，比一般化学反应产生的能量要大得多。因此，原子弹、氢弹爆炸产生的冲击波、光辐射和放射性沾染的杀伤半径可达几千米至几千千米，并能对目标造成综合性的杀伤和破坏，威力自然比普通弹药要大得多。核武器的爆炸威力多用梯恩梯（TNT）炸药释放出的能量来衡量，称为 TNT 当量。目前，最小的原子弹、氢弹，其威力为 100 吨 TNT 当量；最大的氢弹，其威力可以达到 5000 万吨 TNT 当量。

原子弹爆炸后为什么会形成蘑菇云？

原子弹爆炸时会释放巨大的能量，在爆炸中心区产生数千万摄氏度的高温与几十亿个大气压的压力。高温高压迅速影响着周围的空气，大约在二万分之一秒的时间内就能使周围的空气升温膨胀,并快速上升。依靠那股上冲时的巨大能量，地面的石头、碎片、粉尘等物质颗粒被推到高空形成了蘑菇茎。而热气团在上升过程中由于同周围低温的空气接触，温度逐渐降到与周围气体的温度一致，便向水平方向散开，从而形成蘑菇顶。这样，一个完整的蘑菇云便形成了。

氢弹是怎样爆炸的？

氢弹以氘氚或氚等为热核材料，结构比原子弹复杂得多，还要装一个小型原子弹做引爆装置。小原子弹引爆后释放出中子流，并形成超高温、超高压环境。中子流与热核材料作用，使氘和氚的原子核结合成氦原子核，并释放出巨大能量和新的中子，继而又产生新的聚变反应。如此连续发展下去,直至产生热核爆炸。由于热核材料不受“临界质量”（装料的最低限量）限制，氢弹可以制成比原子弹威力大得多的核武器。现代氢弹的威力可以做到几万吨、几百万吨和几千万吨 TNT 当量。

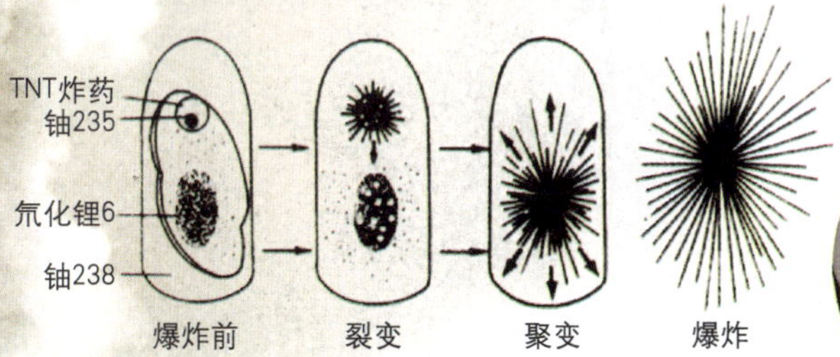

氢弹爆炸过程示意图

为什么中子弹只伤人而不毁物？

中子弹又叫做强辐射弹，实际上是一种产生核聚变的小型氢弹，其产生的能量约有80%是以高速中子流的形式释放出来的。这些高速密集的中子流好像X射线一样，具有很强的穿透能力，能穿透人体、坦克装甲等物体。中子进入人体后，能破坏人的细胞和神经，严重时能立即使人死亡。然而，同氢弹相比，中子弹具有一个显著的特点，那就是爆炸后产生的摧毁周围物体的冲击波要比氢弹小得多，又不足以破坏坦克、建筑物等物体。因此，中子弹可以做到只伤人而不毁物。

什么是生化武器？

生化武器包括生物武器和化学武器两种，主要由细菌和病毒以及其他有害毒剂，通过媒介体做成炮弹或炸弹，战时投放到敌方阵地，杀伤敌方的有生力量。

侵华日军遗留在中国的毒气弹

为什么说生物武器是“人造瘟疫”？

生物武器是一种特别的大规模杀伤性武器，它主要由生物战剂和其施放装置组成。它的杀伤破坏作用不是依靠弹片和炸药，而是依靠生物战剂使人员、牲畜及农作物致病或死亡，好像爆发了一场严重的瘟疫似的，因此人们称它为“人造瘟疫”。

用来投放染病的老鼠等的生物炸弹

为什么国际上反对使用生化武器？

这是因为生化武器杀伤范围广，持续时间长，无法有效防御，并且会造成大量非军事人员伤亡和其他生物的死亡，同时发生深远的环境污染。1972 年 4 月 10 日，联合国通过并签订了《禁止细菌（生物）和毒素武器的发展、生产及储存以及销毁这类武器的公约》。中国于 1984 年加入该公约。

为什么称次声波是“杀人不见血的新式武器”？

次声波是一种振动频率低于 20 赫兹的声波，人的耳朵听不见。与可听声波不同的是，次声波具有传播距离极远的特点，可达十几万千米，十几米厚的钢筋混凝土工事和几百毫米厚的装甲也挡不住。因此，在使用次声武器对有生力量杀伤时，次声波会悄悄地进入人体内。因为人体各个器官的振动频率都在次声波的范围内，所以器官会不由自主地随之共振不止，轻者出现头痛、恶心、晕眩，严重者休克、血管破裂甚至因内脏损伤而迅速死亡，但从外观上看无任何痕迹。所以，次声波被称为“杀人不见血的新式武器”。

什么是定向能武器？

定向能武器是指武器的能量沿着一定方向传播，并在一定距离内该武器有杀伤破坏作用，在其他方向上则没有杀伤破坏作用。定向能武器包括激光武器、微波武器和粒子束武器。

激光武器发射示意图

携带激光发射器的飞机

为什么激光武器具有那么大的威力？

激光武器在射击时，能发射出每秒传播 30 万千米的高能激光束。这种激光束能量非常集中，照射在目标上时会产生巨大的破坏力，具体体现在：被攻击的目标在激光的作用下瞬间汽化，蒸气迅速喷射形成激波，目标物在激光与激波的夹击下顷刻断裂飞溅；激光武器攻击目标时能发射紫外线辐射和 X 射线辐射，其辐射效应对目标内部的电子、光学元件的损伤比激光直接辐射所产生的破坏力更强；强激光射向目标后，被照射部分立即熔融、汽化，发生热爆炸。

为什么说微波武器是隐身兵器的“克星”？

微波指波长在 1 毫米到 1 米之间的电磁波。微波武器是利用微波能量对目标进行杀伤和破坏的定向能武器，因而也被称为微波束武器或射频武器。由于隐身兵器几乎都采用了吸收雷达波的材料和装置，而雷达波就是一种微波。当隐身兵器被微波武器发出的高能微波照射到时，该兵器会由于过量吸收微波能量而产生高温，轻则因瞬间加热而失去控制，重则整个被烧毁、熔化。另外，微波武器不采用“点”的攻击方式，而是以“面”展开攻击，因此，隐身兵器只要在一个区域内被罩住，都将难逃“天罗地网”。

图书在版编目（CIP）数据

你不可不知的十万个兵器之谜／禹田编著．—北京：
同心出版社，2010.1
（学生探索书系）
ISBN 978-7-80716-925-3

Ⅰ．①你… Ⅱ．①禹… Ⅲ．①武器-青少年读物
Ⅳ．①E92-49

中国版本图书馆CIP数据核字（2009）第199075号

学生探索书系

你不可不知的十万个兵器之谜

策划 安洪民
编著 禹 田
责任编辑 宛振文
项目编辑 叶 静
装帧设计 大 娟

出版 同心出版社
地址 北京市东城区东单三条 8-16 号 东方广场东配楼四层
邮编 100005
发行电话 (010)88356858 88356856
总编室 (010)65252135-8015
网址 www.bjd.com.cn/txcbs/
印刷 北京京都六环印刷厂
经销 各地新华书店
版次 2012 年 11 月第 8 次印刷
开本 787×1092 1/16
印张 12.5
字数 71 千字
定价 18.80 元

图片支持
- www.fotoe.com
- argus 千目图片 北京千目图片有限公司 www.argusphoto.com
- gettyimages®
- 行走的犀牛 WALK THE RHINO